HITE 6.0
培养体系

HITE 6.0全称厚溥信息技术工程师培养体系第6版，是武汉厚溥企业集团推出的"厚溥信息技术工程师培养体系"，其宗旨是培养适合企业需求的IT工程师，该体系被国家工业和信息化部人才交流中心鉴定为国家级计算机人才评定体系，凡通过HITE课程学习成绩合格的学生将获得国家工业和信息化部颁发的"全国计算机专业人才证书"，该体系教材由清华大学出版社全面出版。

HITE 6.0是厚溥最新的职业教育课程体系，该职业体系旨在培养移动互联网开发工程师、智能应用开发工程师、企业信息化应用工程师、网络营销技术工程师等。它的独特之处在于每年都要根据技术的发展进行课程的更新。在确定HITE课程体系之前，厚溥技术中心专业研究员在IT领域和一些非IT公司中进行了广泛的行业调查，以了解他们在目前和将来的工作中会用到的数据库系统、前端开发工具和软件包等应用程序，每个产品系列均以培养符合企业需求的软件工程师为目标而设计。在设计之前，研究员对IT行业的岗位序列做了充分的调研，包括研究从业人员技术方向、项目经验和职业素质等方面的需求，通过对面向学生的自身特点、行业需求与现状以及实施等方面的详细分析，结合厚溥对软件人才培养模式的认知，按照软件专业总体定位要求，进行软件专业产品课程体系设计。该体系集应用软件知识和多领域的实践项目于一体，着重培养学生的熟练度、规范性、集成和项目能力，从而达到预定的培养目标。整个体系基于ECDIO工程教育课程体系开发技术，可以全面提升学生的价值和学习体验。

U0227502

一、移动互联网开发工程师

在移动终端市场竞争下，为赢得更多用户的青睐，许多移动互联网企业将目光瞄准在应用程序创新上。如何开发出用户喜欢，并能带来巨大利润的应用软件，成为企业思考的问题，然而这一切都需要移动互联网开发工程师来实现。移动互联网开发工程师成为求职市场的宠儿，不仅薪资待遇高，福利好，更有着广阔的发展前景，倍受企业重视。

移动互联网企业对Android和Java开发工程师需求如下：

已选条件：	Java(职位名)	Android(职位名)
共计职位：	共51014条职位	共18469条职位

1. 职业规划发展路线

Android				
★	★★	★★★	★★★★	★★★★★
初级Android开发工程师	Android开发工程师	高级Android开发工程师	Android开发经理	移动开发技术总监
Java				
★	★★	★★★	★★★★	★★★★★
初级Java开发工程师	Java开发工程师	高级Java开发工程师	Java开发经理	技术总监

2. 素质能力提升路径

1 大学生	2 大学生活	3 学习习惯	4 职业目标	5 沟通表达	6 自我管理
12 准职业人	11 职业路线	10 求职技能	9 就业意识	8 融入团队	7 形象礼仪

3. 专业技能提升路径

1 大学生	2 计算机基础	3 编程基础	4 软件工程	5 数据库	6 网站技术
12 准职业人	11 产品规划	10 项目技能	9 高级应用	8 APP开发	7 基础应用

4. 项目介绍

(1) 酒店点餐助手

(2) 音乐播放器

二、 智能应用开发工程师

随着物联网技术的高速发展，我们生活的整个社会智能化程度将越来越高。在不久的将来，物联网技术必将引起我国社会信息的重大变革，与社会相关的各类应用将显著提升整个社会的信息化和智能化水平，进一步增强服务社会的能力，从而不断提升我国的综合竞争力。 智能应用开发工程师未来将成为热门岗位。

智能应用企业每天对.NET开发工程师需求约15957个需求岗位(数据来自51job)：

已选条件：	.NET(职位名)
共计职位：	共15957条职位

1. 职业规划发展路线

★	★★	★★★	★★★★	★★★★★
初级.NET 开发工程师	.NET 开发工程师	高级.NET 开发工程师	.NET 开发经理	技术总监
★	★★	★★★	★★★★	★★★★★
初级 开发工程师	智能应用 开发工程师	高级 开发工程师	开发经理	技术总监

2. 素质能力提升路径

1 大学生	2 大学生活	3 学习习惯	4 职业目标	5 沟通表达	6 自我管理
12 准职业人	11 职业路线	10 求职技能	9 就业意识	8 融入团队	7 形象礼仪

3. 专业技能提升路径

1 大学生	2 计算机基础	3 编程基础	4 软件工程	5 数据库	6 网站技术
12 准职业人	11 产品规划	10 项目技能	9 高级应用	8 智能开发	7 基础应用

4. 项目介绍

(1) 酒店管理系统

(2) 学生在线学习系统

三、企业信息化应用工程师

当前，世界各国信息化快速发展，信息技术的应用促进了全球资源的优化配置和发展模式创新，互联网对政治、经济、社会和文化的影响更加深刻，围绕信息获取、利用和控制的国际竞争日趋激烈。企业信息化是经济信息化的重要组成部分。

IT企业每天对企业信息化应用工程师需求约11248个需求岗位（数据来自51job）：

已选条件：	ERP实施(职位名)
共计职位：	共11248条职位

1. 职业规划发展路线

初级实施工程师	实施工程师	高级实施工程师	实施总监
信息化专员	信息化主管	信息化经理	信息化总监

2. 素质能力提升路径

1 大学生	2 大学生活	3 学习习惯	4 职业目标	5 沟通表达	6 自我管理
12 准职业人	11 职业路线	10 求职技能	9 就业意识	8 融入团队	7 形象礼仪

3. 专业技能提升路径

1 大学生	2 计算机基础	3 编程基础	4 软件工程	5 数据库	6 网站技术
12 准职业人	11 产品规划	10 项目技能	9 高级应用	8 实施技能	7 基础应用

4. 项目介绍

(1) 金蝶K3

(2) 用友U8

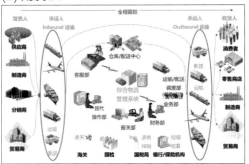

四、网络营销技术工程师

在信息网络时代，网络技术的发展和应用改变了信息的分配和接收方式，改变了人们生活、工作、学习、合作和交流的环境，企业也必须积极利用新技术变革企业经营理念、经营组织、经营方式和经营方法，搭上技术发展的快车，促进企业飞速发展。网络营销是适应网络技术发展与信息网络时代社会变革的新生事物，必将成为跨世纪的营销策略。

互联网企业每天对网络营销工程师需求约47956个需求岗位(数据来自51job)：

已选条件：	网络推广SEO(职位名)
共计职位：	共47956条职位

1. 职业规划发展路线

网络推广专员	网络推广主管	网络推广经理	网络推广总监
网络运营专员	网络运营主管	网络运营经理	网络运营总监

2. 素质能力提升路径

1 大学生	2 大学生活	3 学习习惯	4 职业目标	5 沟通表达	6 自我管理
12 准职业人	11 职业路线	10 求职技能	9 就业意识	8 融入团队	7 形象礼仪

3. 专业技能提升路径

1 大学生	2 计算机基础	3 编程基础	4 网站建设	5 数据库	6 网站技术
12 准职业人	11 产品规划	10 项目实战	9 电商运营	8 网络推广	7 网站SEO

4. 项目介绍

(1) 品牌手表营销网站

(2) 影院销售网站

HITE 6.0软件开发与应用工程师

工信部国家级计算机人才评定体系

使用 C#实现面向对象程序设计

武汉厚溥教育科技有限公司　编著

清华大学出版社

北　京

内 容 简 介

本书按照高等院校、高职高专计算机课程基本要求,以案例驱动的形式来组织内容,突出计算机课程的实践性特点。本书共包括 14 个单元:深入了解.NET 框架,C#语法基础一,C#语法基础二,类和对象的应用,类和对象的高级应用,C#面向对象深入,委托,Lambda 表达式和事件,继承和多态,抽象类和接口,常用类,集合和泛型,LINQ,调试和异常处理,以及 C#中的文件处理。

本书内容安排合理,层次清晰,通俗易懂,实例丰富,突出理论和实践的结合,可作为各类高等院校、高职高专及培训机构的教材,也可供广大程序设计人员参考。

图书在版编目(CIP)数据

使用 C#实现面向对象程序设计 / 武汉厚溥教育科技有限公司 编著. —北京:清华大学出版社,2019 (2024.8 重印)

(HITE 6.0 软件开发与应用工程师)

ISBN 978-7-302-52670-4

I. ①使… II. ①武… III. ①C 语言—程序设计 IV. ①TP312.8

中国版本图书馆 CIP 数据核字(2019)第 053315 号

责任编辑:刘金喜
封面设计:贾银龙
版式设计:孔祥峰
责任校对:成凤进
责任印制:丛怀宇

出版发行:清华大学出版社
      网   址:https://www.tup.com.cn, https://www.wqxuetang.com
      地   址:北京清华大学学研大厦 A 座   邮   编:100084
      社 总 机:010-83470000   邮   购:010-62786544
      投稿与读者服务:010-62776969, c-service@tup.tsinghua.edu.cn
      质 量 反 馈:010-62772015, zhiliang@tup.tsinghua.edu.cn

印 装 者:三河市龙大印装有限公司
经   销:全国新华书店
开   本:185mm×260mm   印   张:19   插   页:2   字   数:451 千字
版   次:2019 年 4 月第 1 版   印   次:2024 年 8 月第 6 次印刷
定   价:79.00 元

产品编号:082672-01

编委会

主　编：

翁高飞　　谢厚亮

副主编：

黄　庆　　曾永和　　邓卫红　　罗保山

委　员：

肖卓朋　　魏　强　　魏红伟　　朱华西
黄金水　　寇立红　　李　颖　　易云龙

主　审：

杨　漫　　王　敏

前　言

C#(C Sharp)是微软(Microsoft)公司为.NET Framework 量身定做的一种面向对象编程语言，于 2000 年 6 月发布。C#拥有 C/C++的强大功能和 Visual Basic 简单易用的特性，是第一个面向组件(component-oriented)的程序语言，与 C++ 和 Java 一样也是面向对象(object-oriented)的程序语言，但是 C#程序只能在 Windows 下运行。C#是微软公司研究员 Anders Hejlsberg 的研究成果。

本书是"工信部国家级计算机人才评定体系"中的一本专业教材。"工信部国家级计算机人才评定体系"是由武汉厚溥教育科技有限公司开发，以培养符合企业需求的软件工程师为目标的 IT 职业教育体系。在开发该体系之前，我们对 IT 行业的岗位序列做了充分的调研，包括研究从业人员技术方向、项目经验和职业素养等方面的需求，通过对所面向学生的特点、行业需求的现状以及项目实施等方面的详细分析，结合我公司对软件人才培养模式的认知，按照软件专业总体定位要求，进行软件专业产品课程体系设计。该体系集应用软件知识和多领域的实践项目于一体，着重培养学生的熟练度、规范性、集成和项目能力，从而达到预定的培养目标。

本书共包括 14 个单元：深入了解.NET 框架，C#语法基础一，C#语法基础二，类和对象的应用，类和对象的高级应用，C#面向对象深入，委托、Lambda 表达式和事件，继承和多态，抽象类和接口，常用类，集合和泛型，LINQ，调试和异常处理，以及 C#中的文件处理。

我们对本书的编写体系做了精心的设计，按照"理论学习—知识总结—上机操作—课后习题"这一思路进行编排。"理论学习"部分描述通过案例要达到的学习目标与涉及的相关知识点，使学习目标更加明确；"知识总结"部分概括案例所涉及的知识点，使知识点完整、系统地呈现；"上机操作"部分对案例进行了详尽分析，通过完整的步骤帮助读者快速掌握该案例的操作方法；"课后习题"部分帮助读者理解章节的知识点。本书在内容编写方面，力求细致全面；在文字叙述方面，注意言简意赅、重点突出；在案例选取方面，强调案例的针对性和实用性。

本书凝聚了编者多年来的教学经验和成果，可作为各类高等院校、高职高专及培训机构的教材，也可供广大程序设计人员参考。

本书由武汉厚溥教育科技有限公司编著，由翁高飞、谢厚亮、黄庆、曾永和、邓卫红、罗保山等多名企业实战项目经理编写。本书编者长期从事项目开发和教学实施，并且对当前高校的教学情况非常熟悉，在编写过程中充分考虑到不同学生的特点和需求，加强了项目实战方面的教学。本书在编写过程中，得到了武汉厚溥教育科技有限公司各级领导的大力支持，在此对他们表示衷心的感谢。

参与本书编写的人员还有张家界航空工业职业技术学院肖卓朋、魏强、魏红伟、朱华西、黄金水，武汉厚溥教育科技有限公司寇立红、李颖、易云龙等。

限于编写时间和编者的水平，书中难免存在不足之处，希望广大读者批评指正。

服务邮箱：wkservice@vip.163.com。

编　者
2018 年 10 月

目 录

深入了解.NET 框架

 课程目标

▶ 了解.NET 平台的诞生和发展

▶ 了解.NET 平台的体系结构

▶ 了解.NET 程序编译原理

▶ 理解框架类库简介和简单使用体验

 **简 介**

C#是由微软公司在.NET框架开发期间开发出的通用的、面向对象的编程语言。基于此，C#的项目开发往往依托于.NET环境。但是就其本身而言，C#只是一种语言，它不是.NET的一部分。

为了理解上面这段话，下面我们将从对.NET框架的认识开始，逐步深入学习 C#语言。

1.1 .NET 平台的诞生和发展

微软为了吸引更多开发者开发基于 Windows 操作系统的软件，促进 Windows 操作系统应用软件的繁荣，于 2002 年年初推出.NET Framework 1.0。微软设想.NET 框架通过提供丰富的基础类库，以及对线程、文件、数据库、XML 分析、数据结构等的支持，帮助软件开发者快速开发出可以应用在 Windows 操作系统上的软件，进而凭借丰富的应用软件巩固Windows 操作系统不可撼动的地位。

自 2002 年以来，.NET 框架已经经历了多个版本的迭代，长期以来.NET 框架都以.NET Framework 命名，它不支持跨平台，而目前 Linux 操作系统是最主流的服务器操作系统。出于解决跨平台问题，以及一些其他问题的需要，2016 年微软推出了全新的、支持跨平台的.NET Core框架，它不是对原有.NET Framework 的升级，而是一次全新的重写。所以，.NET Framework 和.NET Core 是一种并行关系，是目前.NET 平台的两大分支。现在，.NET Framework 的最新版本是.NET Framework 4.7，.NET Core 的最新版本是.NET Core 2.1。

1.2 .NET 平台的体系结构

基于.NET 平台开发 C#应用程序，注定 C#语言本身要符合.NET 平台的语言规范。为了提高开发效率，开发过程中 C#语言往往还会调用.NET 平台自带的基础类库中的类。C#程序启动后运行于.NET 运行时环境，会被.NET 运行时托管。以上提到的.NET 语言规范、基础类库、运行时等共同构成了.NET 平台的体系结构，我们将学习这个体系结构，以对.NET 平台有一个基本认识。

首先，希望读者完成以下名词记忆，后续我们将对这些名词进行解释。

CLR(Common Language Runtime)：公共语言运行时。

FCL(Framework Class Library)：框架类库。

CTS(Common Type System)：通用类型系统。

CLS(Common Language Specification)：公共语言规范。

IL(Intermediate Language)：中间语言。

JIT(Just In Time)：即时。

CLR 在程序运行时的作用有内存管理、程序集加载、安全性、异常处理和现成同步等，它不关心开发人员使用何种语言开发，只需编译该语言的编译器面向 CLR，所以称之为公共语言运行时，它目前作为.NET 框架的一部分，而.NET 框架是事先需要安装在计算机上的。

FCL 和 CLR 一样，也是.NET 框架的重要组成部分，它为.NET 开发提供丰富的基础类库，避免开发人员重复开发，缩短了开发时间。

CTS 是微软制定的一个正式的规范，用来描述类型的定义和行为，规范规定一个类型可以包含零个或者多个成员，成员的种类包括字段、方法、属性以及事件等，它是面向对象的基础。并且 CTS 定义了一套可以在中间语言中使用的预定义数据类型，所有面向.NET Framework 的语言都可以生成最终基于这些类型的编译代码。也就是说，通用类型系统用于解决不同编程语言的数据类型不同的问题。这也为跨语言的实现做出了重大贡献。例如，在 Visual Basic 中定义整型变量用的是关键字 integer，而在 C#中用的是关键字 int，但无论 Visual Basic 还是 C#，经编译后都映射为 System.Int32，所以 CTS 实现了不同语言数据类型的最终统一。.NET 框架支持多语言，但是各种编程语言存在极大差别，要想创建能被其他语言访问的类型，只能从当前语言中挑选出其他语言都支持的功能，为此，微软定义了公共语言规范 CLS，它定义了一个最小功能集，任何一种语言的编译器只有支持此集，编译出来的类型才能被其他符合 CLS、面向 CLR 的语言生成的组件兼容。

CLR 之所以不关心语言，是因为每种语言的编译器最终将语言编译成了统一的中间语言(IL)，正是由于 IL 的存在，.NET 框架才实现了所谓的跨语言。

IL 语言本身并不能直接被 CPU 执行，它需要被 CLR 的 JIT 编译器转换成本机 CPU 指令，进而最终将程序代码运行起来。

要开发基于.NET 平台的程序，首先要求满足所用语言的编译器是面向 CLR 的，该语言创建的类型是符合 CTS 的，如果要求该语言开发出来的类型能被其他语言访问，还要求使用该语言要符合 CLS。为了避免重复开发基础功能，缩短开发时间，可以使用 FCL 中已经存在的类，写好的程序代码通过面向 CLR 的编译器最终生成中间语言 IL，程序运行时 CLR 通过 JIT 编译器将 IL 转换成 CPU 指令，供 CPU 执行。

1.3 .NET 程序编译原理

编译 C#.NET 应用程序的操作步骤如下。

(1) 使用 C#语言编写应用程序代码。

(2) 把 C#源程序编译为 MSIL(微软中间语言)，以程序集的形式存在，CPU 不执行程序集，如图 1-1 所示。

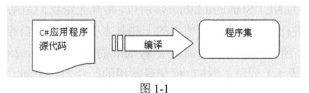

图 1-1

(3) 在执行代码时，必须使用 JIT 编译器将程序集编译为本机代码，如图 1-2 所示。

图 1-2

(4) 在托管的 CLR 环境下运行本机代码，程序执行结果显示出来，如图 1-3 所示。

图 1-3

1.4　.NET 框架类库

1.4.1　框架类库

在前面讲解.NET 框架结构时，了解到框架类库(FCL)有非常多的命名空间和类，这些类的使用非常方便，且功能强大。框架类库提供了实现基本功能的类，如输入/输出、字符串的操作、网络通信等。

在.NET 开发中，应用程序实现的很多功能不需要我们编写大量代码，只需要直接调用框架类库中相应的类就可以实现。那么，如何使用这些类呢？我们知道，命名空间用来将具有相关功能的一些类在结构上进行分组和管理，所以要使用框架类库中的类就必须了解.NET 框架中的常用命名空间。框架类库中包含了 170 多个命名空间和上千个类，下面就来学习类库中的一些主要命名空间。

1.4.2　框架类库中的命名空间

.NET Core 是一个非.NET Framework 基础上开发出来的全新的框架，这并不意味着两者没有交集，.NET Framework 中的一些基础类库被原样搬到了.NET Core 框架中，这些两者共有的基础类库称为.NET Standard Library。所以，将来无论我们是基于.NET Framework，还是基于.NET Core 进行项目开发，所使用的一些基本类都可能来自相同的命名空间。

在.NET 框架中，所有的命名空间都是从 System 的命名空间形成的。System 命名空间又称为根命名空间，表 1-1 列出了.NET 框架最常用的一些命名空间。

表 1-1

命 名 空 间	描　述
System.Web	提供可使浏览器与服务器通信的类和接口
System.Text	处理文本
System.IO	管理对文件和流的操作
System.Collections.Generic	包含定义泛型集合的接口和类
System.Collections	包含定义各种对象集合的接口和类
System.Net	对网络协议进行编程

注意，.NET Core 框架和.NET Framework 除了共有的.NET Standard 类库之外还有很多各自独有的类和类库，有时候也许类名相同，但是来自的类库却不同，表现为命名空间不同。譬如，在.NET Framework 下创建一个 MVC 项目，项目中的控制器类(Controller)的命名空间为 System.Web.Mvc；在.NET Core 框架下创建一个 MVC 项目，项目中的控制器类(Controller)的命名空间为 Microsoft.AspNetCore.Mvc。但无论是.NET Core 框架还是.NET Framework，我们使用 C#调用其中的类的成员的方法和方式还是一样的，这就是我们开篇所说的"C#只是一种语言，它不是.NET 的一部分"。框架类库中的命名空间还有很多，这里只是简单地介绍一些常用的，其中大部分命名空间在后面的学习过程中会接触到。只有熟练使用框架类库，才能开发出功能强大且高效的.NET 应用程序。下面通过一个例子来体验框架类库的强大功能。

1.5　使用 C#实现一个简单功能示例

在实际开发中，我们通常使用 VisualStudio 进行 C#项目开发，目前最新的 Visual Studio 版本是 Visual Studio 2017，版本号是 15.7.6。之前还有很多 Visual Studio 版本，譬如，Visual Studio 2008、Visual Studio 2010、Visual Studio 2012、Visual Studio 2013、Visual Studio 2015 等，各个版本界面基本相同。在此我们使用 Visual Studio 创建一个最简单的控制台项目，演示一个最简单的 C#程序，并对程序做一个简单的解释。

控制台项目的创建步骤：在 Visual Studio 的菜单栏中，单击最左端的"文件"菜单，在其下拉列表中选择"新建"，再在"新建"子菜单中选择"新建项目"，此时会弹出一个添加新项目的对话框，在对话框中选择"控制台应用"，在下方名称处取名"Welcome"，使用默认路径，选择.NET Framework 4.6.1 框架(不同版本的 Visual Studio 略有不同)，单击"确定"按钮生成第一个控制台项目。

在生成的项目中，有一个 Program.cs 文件，打开文件输入以下代码。

```
using System;

namespace Welcome
{
    class Program
```

```
        {
            static void Main(string[] args)
            {
                Console.WriteLine("欢迎你来到 C#的世界");
                Console.ReadKey();
            }
        }
    }
```

以上代码实际上只有 Console.WriteLine("欢迎你来到 C#的世界");和 Console.ReadKey();是我们输入进去的，其余代码是 Visual Studio 自动生成的。按 F5 键启动项目，会弹出一个类似 DOS 窗口的界面，效果如图 1-4 所示。

图 1-4

在此我们对这个程序做一个简单介绍：控制台项目的入口是 Program.cs 文件里面的 Main()方法，当按 F5 键启动这个项目的时候，首先执行 Console.WriteLine("欢迎你来到 C#的世界");语句，这个语句的作用是在控制台里面输入一行文字"欢迎你来到 C#的世界"，为什么我们可以使用 Console.WriteLine()这个方法呢？这就要说到前面学习的 FCL(框架类库)，上面代码的第一段 using System;的作用就是说，本文件可以使用 FCL 里面 System 命名空间下封装的类和方法，而 Console.WriteLine 这个功能就来自于 FCL 的 System 命名空间。所以总结这段 C#代码，Main()方法里面第一行的作用是调用 FCL 中封装好的 Console.WriteLine()方法在控制台中输出一段话，后面一句 Console.ReadKey 的意思是从控制台中读取用户输入的按键，如果用户没有输入，那么 Main()方法将会停止在这一行，直到用户按下键盘中的一个键，Main()方法执行完毕，控制台关闭。如果没有这行代码，CPU 会很快执行完 Console.WriteLine 这一行，然后立刻关闭控制台，我们甚至都看不到输出内容，控制台界面就一闪而过了。如同 Console.WriteLine 一样，Console.ReadKey 也来自于 FCL 的 System 命名空间。以上就是我们使用 C#,基于.NET 平台创建的一个最简单的项目。

【单元小结】

- .NET Framework 和.NET Core 是一种并行关系，是目前.NET 平台的两大分支。
- 源代码需要进行二次编译才能执行，首先把源代码编译成 MSIL，再由中间语言编译成机器代码。
- CLR 通过 CTS(通用类型系统)和 CLS(公共语言规范)来实现语言的互操作性。

- .NET框架类库集提供了大量的类和方法，使我们能方便地编写功能强大的应用程序。

【单元自测】

1. .NET 平台将(　　)定义为一组规则，所有.NET 语言都应该遵循此规则才能创建可以与其他语言互操作的应用程序。

    A. CLR   B. CTS   C. CLS   D. MSIL

2. .NET 框架体系结构由(　　)核心组件组成。

    A. JIT 编译器   B. CLR   C. 框架类库集   D. MSIL

3. (　　)包含在.NET 框架的各语言之间兼容的数据类型和功能。

    A. CTS   B. CLS   C. CLR   D. JIT

4. 源代码经过(　　)次编译，才能被计算机执行。

    A. 1   B. 2   C. 3   D. 0

5. 所有.NET 支持的编程语言编写的源代码经过一次编译后，被编译成(　　)。

    A. 机器代码   B. C#源代码   C. MSIL   D. CLS

6. 下面关于.NET Core 的描述不正确的是(　　)。

    A. 跨平台

    B. 是在.NET Framework 基础上的升级

    C. .NET Core 和.NET Framework 是两种并行关系的.NET 框架

    D. C#语言调用.NET Core 中成员的方式和调用.NET Framework 成员的方式一样

単元 二

C#语法基础一

课程目标

▶ 了解预定义数据类型
▶ 认识变量和常量
▶ 掌握表达式和运算符
▶ 理解分支结构
▶ 理解循环结构

 简 介

本书单元一中简要地介绍了C#语言的主要特点和运行环境,并且创建了一个简单的C#应用程序。C#是一门编程语言,与其他编程语言一样,也有基本数据类型、常量及变量、运算符、控制程序流程语句等。本单元将系统地学习C#语言提供的数据类型和使用这些数据类型时的要点,以及了解对数据的操作和流程控制。

2.1 预定义数据类型

2.1.1 为什么需要区分数据类型

应用程序总是需要处理数据,而现实世界中的数据类型多种多样,我们必须让计算机了解需要处理什么样的数据,以及采用哪种方式进行处理,按什么格式保存数据等。例如,在编码程序中需要处理单个字符,在订票系统中需要打印货币金额,在科学运算中不同情况下需要不同精度的小数,这些都是不同的数据类型。

任何一个完整的程序都可以看成是一些数据和作用于这些数据上的操作。每一种高级语言都会为开发人员提供一组数据类型,不同的语言提供的数据类型不尽相同。下面就来学习 C#语言提供的数据类型。

2.1.2 主要预定义数据类型

预定义数据类型主要有整型、浮点型、布尔型、字符型以及字符串型等。表 2-1 列出了主要的预定义数据类型,并说明了每种类型的默认值。

表 2-1

C#数据类型	说　　　明	默　认　值
int	存储 32 位有符号整数	0
float	存储单精度(精确到 7 位小数)浮点数	0.0F
double	存储双精度(精确到 16 位小数)浮点数	0.0D
decimal	存储高精度十进制数据(精确到 28 位小数)	0.0M
byte	存储 8 位无符号整数	0
short	存储 16 位有符号整数	0
long	存储 64 位有符号整数	0L
bool	布尔型,值为 true 或 false	false
string	字符串类型	null
char	字符类型	'\0'

对于程序中的每一个用于保存数据的变量，使用时都必须声明它的数据类型以便编译器为它分配内存空间，存储相应类型的数据。下面我们就来学习如何定义变量以保存程序中的数据。

2.2　程序中的变量和常量

2.2.1　变量的概念和作用

程序要对数据进行读、写、运算等操作，当需要保存特定的值或计算结果时，就需要用到变量。从用户角度来看变量是存储数据的基本单元，从系统角度来看变量是计算机内存中的一个存储空间。

在用户看来，一个变量可以用来代表一条数据，在变量中可以存储各种类型的数据，如人的姓名、车票的价格、文件的长度等。在计算机中，变量代表存储地址，变量的类型决定了存储在内存中的数据的类型。使用变量的一条重要的原则是：变量必须先定义后使用。

总结

　　定义一个变量，就会在内存中开辟相应大小的空间来存储数据。

2.2.2　变量的定义

C#语言中，定义一个变量的语法如下：

访问修饰符	数据类型	变量名;

提示

　　在后面的章节中将会学习访问修饰符。

在声明变量时，数据类型可以是 C#语言中的任何一种，如前面学习到的数据类型。数据类型后面就是给变量起的名字，也就是变量名。当需要访问存储在变量中的数据时，只需要使用变量的名称就可以了。为变量起名时要遵守 C#语言的如下规定。

- 变量名必须以字母或者下画线开头。
- 变量名只能由字母、数字和下画线组成，而不能包含空格、标点符号、运算符等其他符号。
- 变量名不能与 C#中的关键字名称相同，如 int、float、double 等。
- 变量名是区分大小写的。也就是说，abc 和 ABC 是两个不同的变量。

下面给出了一些合法和非法的变量名：

```
int i;          //合法
int NO.1;       //不合法
string to_3;    //合法
float byte;     //不合法
```

尽管符合了上述要求的变量名就可以使用，但我们还是希望在给变量取名时，应给出具有描述性质的名称，这样写出来的程序便于理解。例如，一个人的年龄的变量名就可以叫 age，而 e90PT 就不是一个好的变量名。

2.2.3　变量的赋值

定义了变量以后，当然会向里面存储数据，也就是给变量赋值。语法如下：

```
int age;
age = 18;
```

"="号叫赋值运算符，它会把右边的数值或者计算的结果存储到左边的变量里面。当然，赋值语句非常灵活，可以在定义变量的同时赋值，也可以同时定义多个变量并且同时赋值。例如：

```
int age = 18;
int a = 18, b = 20, c;
```

2.2.4　常量

常量，顾名思义，就是其值在使用过程中固定不变的量。定义一个常量的语法如下：

```
const 数据类型　常量名称 = 常量值;
```

大家可以发现，在声明和初始化变量时，在变量的前面加上关键字 const，就可以把该变量指定为一个常量。常量具有以下特征。

- 常量必须在声明时初始化，并且指定了值后，就不能再修改了。
- 常量的值不能用一个变量中的值来初始化。

也就是说，下面这段代码是不能通过编译的：

```
int   i = 64;
const  int  a = i;
```

2.2.5　使用 var 创建隐型局部变量

在 C# 1.0 或 C# 2.0 中声明一个变量时，必须要指定该变量的类型。下面的示例代码声明了三个局部变量：number、strs 和 ui，它们的类型分别为 int、string[] 和 UserInfo(为用户自定义类型)。

```
int number = 2009;
string[] strs = new string[2009];
UserInfo ui = new UserInfo();      //UserInfo 为用户自定义类型
```

在 C# 1.0 或 C# 2.0 中，如果不指定一个变量的数据类型，那么将产生编译错误。然而，在 C# 3.0 中声明一个变量时，可以不明确指定它的数据类型，而使用关键字 var 来指定变量的类型。该变量实际的数据类型将在其初始化器的表达式中推断出来。下面的示例代码使用 var 关键字声明了三个局部变量：number、strs 和 ui。

```
var number = 2009;
var strs = new string[] { "2008", "2009", "80", "20" };
var ui = new UserInfo();      //UserInfo 为用户自定义类型
```

在上述代码中，number 变量将被推断为 int 型，strs 变量将被推断为 string []类型，ui 变量将被推断为 UserInfo 类型。因此，上述的程序代码等同于下面的代码：

```
int number = 2009;
string [] strs = new string[] { "2008", "2009", "80", "20" };
UserInfo ui = new UserInfo();
```

var关键字指示编译器根据变量的初始化表达式推断该变量的类型，即使用var关键字声明变量时隐藏了该变量的类型。var关键字可以在如下 4 种情况下使用。
- 声明局部变量。
- for 语句中。
- foreach 语句中。
- using 语句中。

虽然 var 关键字能够声明隐型局部变量，但是使用 var 关键字声明变量时必须遵循以下三个原则。
- var 关键字声明变量必须包含一个初始化器，初始化器必须为一个表达式，且初始化器不能包含自身对象。

```
var v;           //编译错误
var v = v + 1;      //编译错误
```

- var 关键字声明的变量的初始化值不能为 null。

```
var v = null;     //编译错误
```

- 不能在同一语句中初始化多个隐式类型的变量。

```
var v1 = 20 , v2 = 30;     //编译错误
```

下面用实例来演示 var 关键字的使用。

例：从 strs 数组中遍历字符串，代码如下。

```
namespace Demo
{
    class Program
    {
        static void Main(string[] args)
        {
            var strs = new string[] { "2008", "2009", "80", "20" };
            foreach (var str in strs)
            {
                Console.WriteLine(str);
            }
            Console.Write("请按任意键继续...");
            Console.ReadKey();
        }
    }
}
```

运行程序，结果如图 2-1 所示。

图 2-1

 注意

由于使用 var 关键字可以不显式指定变量的类型，所以可以简化程序的代码。然而，大量使用 var 关键字声明变量，可能造成程序代码难以理解。因此，只在适当的时候使用 var 关键字是一个比较好的选择。

2.3 表达式和常用运算符

表达式的定义与运算符的分类

C#语言中的表达式类似于数学运算中的表达式，是操作符、操作数和标点符号等连接而成的式子。

运算符分为算术运算符、比较运算符、逻辑运算符、快捷运算符和三元运算符等。

1. 算术运算符

表 2-2 列出了常用的算术运算符。

表 2-2

运　算　符	说　　明	示　　例
+	执行加法运算,如果+号两端有一个操作数是字符串,则执行字符串的连接运算	int a=1,b=2; int c=a+b;
-	执行减法运算	c=a-b;
*	执行乘法运算	c=a*b;
/	执行除法运算	c=a/b;
%	获取除法运算后的余数	c=a%b;
++	将操作数加 1	a++;
--	将操作数减 1	b--;
~	将一个数按位取反	~a;

C#语言的算术运算符和 Java 语言的一样,这里不再重复了。

2. 比较运算符

C#中常用的比较运算符如表 2-3 所示。

表 2-3

运　算　符	说　　明	示　　例
>	判断一个数是否大于另一个数	a>b
<	判断一个数是否小于另一个数	a<b
>=	判断一个数是否大于或等于另一个数	a>=b
<=	判断一个数是否小于或等于另一个数	a<=b
==	判断两个值是否相等	a==b
!=	判断两个值是否不相等	a!=b

比较运算符往往和条件判断语句结合起来使用,在本单元后面会详细讲解。

3. 逻辑运算符

逻辑运算符,当有多个条件需要同时判断时,就需要用到它,如表 2-4 所示。

表 2-4

运　算　符	说　　明	示　　例
&&	对两个表达式执行逻辑"与"运算	操作数1&&操作数 2
||	对两个表达式执行逻辑"或"运算	操作数 1||操作数 2
!	对一个表达式执行逻辑"非"运算	!操作数

4. 快捷运算符

C#语言还为算术运算符提供了快捷运算符，以提高编码速度，如表 2-5 所示。

表 2-5

运 算 符	说 明	示 例
+=	左边变量的数值加上右边的值，然后赋值给该变量	int a = 1; a+=1;
-=	左边变量的数值减去右边的值，然后赋值给该变量	a-=1;
*=	左边变量的数值乘以右边的值，然后赋值给该变量	a*=5;
/=	左边变量的数值除以右边的值，然后赋值给该变量	a/=5;
%=	左边变量的数值求模右边的值，然后赋值给该变量	a%=5;

5. 三元运算符

C#中仅有一个三元操作符"? :"，三元操作符作用于三个操作数，使用时在操作数中间插入操作符。下面说明三元运算符的使用方法：

```
int x = 1, y = 3, z;
z = x > y?1:0;//如果 x>y,将 1 赋值给 z，否则将 0 赋值给 z
```

6. 运算符优先级

在计算有两个以上运算符的复杂算术表达式时，很难判断表达式计算的先后顺序。在这种情况下就要考虑到运算符的优先级。运算符的优先级是用于确定哪些操作应该先执行的一组规则。表 2-6 列出了运算符从高到低的排列情况。

表 2-6

优 先 级	说 明	运 算 符	结 合 性
1	括号	()	从左到右
2	自加/自减运算符	++/--	从右到左
3	乘法运算符 除法运算符 取模运算符	* / %	从左到右
4	加法运算符 减法运算符	+ -	从左到右
5	小于 小于或等于 大于 大于或等于	< <= > >=	从左到右
6	等于 不等于	== !=	从左到右
7	逻辑与	&&	从左到右
8	逻辑或	||	从左到右
9	赋值运算符和快捷运算符	=、+=、*=、 /=、%=、-=	从右到左

2.4　C#中的程序控制结构

2.4.1　条件判断结构

1. if … else

在生活中我们做一件事情往往需要判断一下条件成不成熟，或者条件满不满足，在 C# 中是用 if 结构来完成判断一个条件是否满足的。C#中 if 结构的语法和 Java 中是完全相同的。下面复习一下简单 if 的语法：

```
if(判断表达式)
{
    代码块
}
```

一个完整的 if…else 结构如下：

```
if(判断表达式)
{
    代码块
}
else
{
    代码块
}
```

多重 if 结构如下：

```
if(判断表达式 1)
{
    代码块 1
}
else if(判断表达式 2)
{
    代码块 2
}
else if(判断表达式 3)
{
    代码块 3
}
else
{
    代码块 4
}
```

当判断表达式 1 不满足时，才会继续判断表达式 2，如果判断表达式 2 也不满足，就会继续判断表达式 3，如果判断表达式 3 成立，就执行代码块 3。哪个判断表达式成立，就执行哪个代码块。如果都不成立，就执行最后的 else 的代码。

最后，还有嵌套 if...else。一个完整的嵌套语法如下：

```
if(判断表达式 1)
{
    if(判断表达式 2)
    {
        代码块
    }
    else
    {
        代码块
    }
}
else
{
    if(判断表达式 3)
    {
        代码块
    }
    else
    {
        代码块
    }
}
```

嵌套 if 结构要注意的是，只有当外层的条件判断表达式成立时，才能继续判断嵌套里面的条件判断表达式。

 提示

条件判断结构还有一个问题就是 if...else 配对，这里介绍一个简单的判断办法：else 与距离它最近的，并且孤单的 if 进行匹配。

2. switch…case

C#中的 switch 与 Java 中的语法差不多，区别就是 C#要求 default 语句和每个 case 语句里面都必须有 break 语句，否则编译报错。语法如下：

```
switch (常量)
{
case 值 1:
    语句块 1;
        break;
```

```
case 值 2:
    语句块 2;
        break;

case 值 3:
        语句块 3;
        break;
...
default :
        语句块 4;
        break;
}
```

当然也有例外，如果 case 语句里面没有其他任何语句，可以省略 break。如下示例：

```
using System;
namespace Demo
{
    /// <summary>
    /// 演示 switch 结构的贯穿
    /// </summary>
    class Program
    {
        static void Main(string[] args)
        {
            Console.WriteLine("请输入现在几点：");
            string hour = Console.ReadLine();

            switch (hour)
            {
                case "6":
                case "7":
                case "8":
                case "9":
                case "10":
                    Console.WriteLine("早上好！");
                    break;
                case "11":
                case "12":
                case "13":
                    Console.WriteLine("中午好！");
                    break;
                case "14":
                case "15":
                case "16":
                case "17":
                case "18":
                    Console.WriteLine("下午好！");
```

```
                    break;
                default:
                    Console.WriteLine("该休息了！");
                    break;
            }
            Console.Write("请按任意键继续…");
            Console.ReadKey();
        }
    }
}
```

上面示例执行后，结果如图 2-2 所示。

图 2-2

2.4.2 循环结构

循环语句可以实现一个程序模块的重复执行，它对于简化程序、更好地组织算法有着重要的意义。C#提供了如下 4 种循环语句，分别适用于不同的情形。

- while 循环
- do…while 循环
- for 循环
- foreach 循环

大家会发现，除了 foreach 循环以外，其他所有循环结构与 Java 语言中的对应循环结构类似。下面在复习前面三种循环结构的同时，将重点讲解 foreach 循环。

1. while 循环

while 循环的语法如下：

```
while (条件表达式)
{
    代码块
}
```

在循环结构里，可以在循环中添加 break 语句，以随时终止循环继续执行，也可以在循环中添加 continue 语句以跳过当前循环代码，直接进行下次循环。下面通过一个例子来说明 break 和 continue 的语法。

```
using System;
namespace Demo
```

```
{
    /// <summary>
    /// i 是 10 的倍数时 continue，count 大于等于 100 时 break
    /// </summary>
    class Program
    {
        static void Main(string[] args)
        {
            int count = 0;
            int i = 1;
            while (true)
            {
                count += i;
                //如果 i 能被 10 整除，则跳过此次循环，进行下一轮循环
                if (i % 10 == 0)
                {
                    continue;
                }
                //如果 count 大于等于 100，就终止循环
                if (count >= 100)
                {
                    break;
                }
                i++;
            }
        }
    }
}
```

2. do…while 循环

do…while 循环与 while 循环类似，只不过 do…while 循环是先执行，再做判断，所以它至少会执行一次。语法如下：

```
do
{
    代码块
}while(条件表达式)
```

此循环，代码块中内容执行后再执行 while 判断，如果 while 内条件为 true，会循环执行代码块，直到 while 内条件为 false，循环结束。以下为 do…while 循环示例：

```
using System;
namespace Demo
{
    class Program
    {
        static void Main(string[] args)
        {
```

```
        //do 循环，循环体内代码块至少被执行一次
        int i = 1;
        do
        {
            i++;
            Console.WriteLine("当前的 i 值是" + i);
        } while (i < 1);
        //只要 j 满足 j<=4，循环体内代码会循环执行，直到 j>4
        int j = 1;
        do
        {
            j++;
            Console.WriteLine("当前的 j 值是"+j);
        } while (j<=4);
        Console.ReadKey();
        }
    }
}
```

3. for 循环

for 循环经常用在循环次数确定的情况下。语法如下：

```
for(表达式 1; 表达式 2; 表达式 3)
{
    代码块
}
```

以上语法中，表达式 1 是指执行第一次循环前要计算的表达式，通常将一个局部变量初始化为循环的计数器；表达式 2 是判断是否满足开始新循环的条件，只有表达式 2 的值为 true，才可以开始新的循环；表达式 3 是每次迭代完要计算的表达式，通常是以某种算法修改循环计数器，通过示例演示其用法如下。

```
using System;
namespace Demo
{
    class Program
    {
        static void Main(string[] args)
        {
            //int i=1 创建一个局部变量 i 作为循环计数器
            //当 i<=10 的时候，执行代码块中的代码
            //i++每次循环结束将 i 的值加 1
            for (int i = 1; i <=10; i++)
            {
                Console.WriteLine("当前 i 的值为"+i);
            }
            Console.ReadKey();
```

```
        }
    }
}
```

4. foreach 循环

接下来就来认识 foreach 循环。for 是循环的意思，each 是每一个的意思，所以从字面上理解，就知道 foreach 循环的作用，即循环取出一个集合或者数组里的每一个元素，然后对每一个元素进行操作。它的语法如下：

```
foreach(类型(集合或数组中每个元素的类型)变量名 in 集合或数组)
{
    代码块
}
```

下面通过一个例子来说明 foreach 循环的用法。

```
using System;
namespace Demo
{
/// <summary>
    /// 统计输入字符串中字母、标点符号、数字的个数
    /// </summary>
    class Program
    {
        static void Main(string[] args)
        {
        //存放字母的个数
        int countLetters = 0;
        //存放数字的个数
        int countDigits = 0;
        //存放标点符号的个数
        int countPunctuations = 0;
        //用户提供的输入
        string input;
        Console.WriteLine("请输入一个字符串:);
        input = Console.ReadLine();
        //声明 foreach 循环以遍历输入的字符串中的每个字符
        foreach(char chr in input)
          {
            //检查字母
            if(char.IsLetter(chr))
            countLetters++;
            //检查数字
            if(char.IsDigit(chr))
                countDigits++;
            //检查标点符号
            if(char.IsPunctuation(chr))
```

```
                countPunctuations++;
        }
        Console.WriteLine("字母的个数为：{0}", countLetters);
        Console.WriteLine("数字的个数为：{0}", countDigits);
        Console.WriteLine("标点符号的个数为：{0}", countPunctuations);
        Console.ReadKey();
        }
    }
}
```

该示例中，foreach 循环用于遍历用户提供的字符串 input。此循环使用 char 结构的内置方法 IsLetter()、IsDigit()和 IsPunctuation()检查该字符串中的字母、数字和标点符号。

 注意

在 foreach 循环中不能修改集合或者数组的内容。

以上我们学习了 C#中的 4 种循环，这 4 种循环都是循环一个代码块。但是 while 和 do...while 循环都只有一个表达式，用于判断是否继续循环，所不同的是，do...while 循环在判断是否循环之前会先执行一次循环代码块，在实际开发中这两种循环往往根据逻辑条件控制循环次数；for 循环有三个表达式，这三个表达式分别用作初始化循环计数器、判断是否满足循环条件、循环结束后操作(往往用于修改循环计数器)，在实际开发中 for 循环往往用于根据数量控制循环次数；foreach 循环不同于以上三者，它往往用于遍历集合或者数组中的每一个元素，直到元素遍历完毕。

【单元小结】

- C#定义的数据类型。
- C#语言定义变量和常量的语法，常量必须在定义时赋值。
- 常用的算术运算符、比较运算符、逻辑运算符、快捷运算符和三元运算符等。
- C#中的条件判断语句。
- C#中的循环语句，重点是 foreach 语句的使用方法。

【单元自测】

1. 下面哪些是合法的变量名？(   )

   A. Hope6.0   B. Csharp_t1   C. _sum   D. void
2. 下面代码的执行结果是(   )。

```
string week = "星期三";
    switch (week)
    {
```

```
        case "星期一":
        case "星期二":
        case "星期四":
        case "星期五":
                Console.WriteLine("今天要上课");
                break;
        case "星期三":
                Console.WriteLine("上自习");
                break;
        case "星期六":
        case "星期天":
                Console.WriteLine("今天休息，逛街");
                break;
        }
```

  A. 今天要上课

  B. 上自习

  C. 今天休息，逛街

  D. 今天要上课上自习

3. 下面对常量描述正确的是(　　)。

  A. 定义常量要使用 console 关键字　　B. 常量定义的同时必须赋初值

  C. 常量可以被反复赋值　　　　　　　D. 常量也可以定义之后再赋值

4. 在给变量进行命名时应该注意哪些问题？

【上机实战】

上机目标

- 掌握基本数据类型。
- 掌握常量和变量的定义、赋值。
- 掌握常用运算符。
- 掌握利用流程控制结构编写程序。

上机练习

◆ 第一阶段 ◆

练习 1：使用常量和变量，求圆的面积

【问题描述】

创建一个控制台应用程序，接收客户输入的圆的半径，计算出圆的面积并输出。

【问题分析】

● 定义一个常量，用来保存 π 的值。

● 声明一个变量，保存客户输入的圆的半径。

● 根据公式计算圆的面积，并输出。

【参考步骤】

(1) 新建一个控制台应用程序项目，项目名为 RoundArea。

(2) 在项目源代码文件里添加如下代码。

```csharp
using System;
using System.Text;

namespace RoundArea
{
    /// <summary>
    /// 求指定半径圆的面积
    /// </summary>
    class Program
    {
        static void Main(string[] args)
        {
            const float pi = 3.14f;
            Console.WriteLine("请输入圆的半径：");
            int rad = int.Parse(Console.ReadLine());
            Console.WriteLine(pi * rad * rad);
            Console.ReadKey();
        }
    }
}
```

(3) 编译。在 IDE 环境中选择"生成"|"生成解决方案"命令。

(4) 运行。在 IDE 环境中选择"调试"|"启动调试"命令，或者直接按 Ctrl+F5 键，开始程序的运行。如果代码输入无误，可以看到运行结果如图 2-3 所示。

图 2-3

小试验：在程序中试着修改常量 pi 的值，看能不能通过编译。

练习 2：在上一个练习创建好的解决方案里添加一个控制台项目，练习嵌套 if 结构

【问题描述】

编写一个程序，从用户输入的三个数字中找到最大的数，输出最大值。

【问题分析】

● 声明三个变量保存客户输入的三个整数。

● 使用嵌套 if 结构判断最大值。

● 输出该最大值。

【参考步骤】

(1) 在上一个练习创建的解决方案下添加一个新项目，右击上方的解决方案名称，弹出的快捷菜单如图 2-4 所示。

图 2-4

(2) 在项目源代码文件中添加如下代码。

```csharp
using System;
namespace Demo
{
    /// <summary>
    /// 求三个整数中的最大值
    /// </summary>
    class Program
    {
        static void Main(string[] args)
        {
            int a, b, c;
            a = int.Parse( Console.ReadLine());
            b = int.Parse(Console.ReadLine());
            c = int.Parse(Console.ReadLine());

            if (a > b)
            {
                if (a > c)
                {
                    Console.WriteLine("最大值是：{0}", a);
```

```
                }
                else
                {
                    Console.WriteLine("最大值是：{0}", c);
                }
            }
            else
            {
                if (b > c)
                {
                    Console.WriteLine("最大值是：{0}", b);
                }
                else
                {
                    Console.WriteLine("最大值是：{0}", c);
                }
            }
            Console.ReadKey();
        }
    }
}
```

(3) 编译执行，输入测试数据后会得到如图 2-5 所示的结果。

图 2-5

◆ 第二阶段 ◆

练习 3：编写一个程序，接收用户输入的字符串。如果输入的是字母 "a" "e" "i" "o" 或 "u" 中的一个，则显示 "输入了一个元音"，否则显示 "这不是一个元音"

【问题描述】
编写程序，接收客户输入的字符，判断是否是元音字母。

【问题分析】
● 声明变量，接收客户输入。
● 使用 switch 结构进行判断，并输出相应结果。

【拓展作业】

输入一行字符串，分别统计出其中英文字母、数字、空格的个数。

单元 **三**

C#语法基础二

 课程目标

▶ 掌握数组的使用方法
▶ 掌握数组结合循环的使用技巧
▶ 掌握自定义数据类型——枚举
▶ 了解简单类型转换

 **简 介**

在本书的单元二中我们学习了 C#语言中的预定义数据结构、常量、变量、表达式、常用运算符以及 C#程序控制结构，在本单元中我们将学习使用数组将同一类型的一组数据作为一个整体使用，以及枚举、数值类型和字符串类型之间的类型转换等知识。

3.1 数组

3.1.1 数组的使用场合以及 System.Array 类

前面我们已经学习过使用类似 string str="hello"; 的语法创建一个字符串类型变量，它指向一个值为"hello"的字符串对象。我们是否可以创建一个变量指向同一类型多个对象的整体呢？答案是可以的，这可以使用本节我们要学习的数组来实现。反过来说，数组类往往用于需要将同一类型的多个数据作为一个整体使用的场合。

在.NET 的框架类库(FCL)中，System.Array 类代表数组类(System 代表命名空间，Array 代表类名，后面我们将其简写成 Array 类)，但是由于 Array 类是一个抽象类，它不能使用构造函数来创建数组实例(关于抽象类和构造函数的相关知识会在后续章节中学习，此处了解即可)。后面小节，我们会学习使用方括号声明数组的方法，这种方法在后台会创建派生自 Array 类的子类(派生、子类的相关知识将会在后续章节中学习，此处了解即可)，这些子类可以使用 Array 类中的方法和属性，具体 Array 类具有的属性和方法如表 3-1 所示。

表 3-1

属　　性	描　　述
Length	得到数组所有维元素总个数的属性
实　例　方　法	描　　述
CopyTo()	将一个一维数组中的所有元素复制到另一个一维数组中
GetLength()	返回指定维的元素个数
GetValue()	通过索引返回指定元素的值
SetValue()	将数组中的指定元素设为指定值
静　态　方　法	描　　述
BinarySearch()	使用二进制搜索方法搜索一维已排序数组中的某个值
Clear()	将数组中一组元素设为 0 或 null
Copy()	将数组中的一部分元素复制到另一个数组中
CreateInstance()	初始化 Array 类的实例
IndexOf()	返回给定值在一维数组中首次出现的位置索引
LastIndexOf()	返回给定值在一维数组中最后一次出现的位置索引
Reverse()	反转给定一维数组中元素的顺序
Resize()	将数组的大小更改为指定的新大小
Sort()	将数组中的元素进行排序，只能对一维数组从小到大进行排序

如果我们定义了一个数组变量，那么这个变量代表的对象就直接拥有了 Array 类定义的属性和方法。这是非常有用的，譬如我们定义了一个名为 arr 的变量指向一个数组对象，当我们要遍历数组对象里面的所有元素的时候，就要用到数组的长度，这时直接利用 Array 类的 Length 属性(arr.Length)即可获得数组长度。

3.1.2　数组的定义

数组是同一数据类型的一组数据，这些值存储在连续的内存单元中，便于访问和操作。数组中的所有数据必须是相同的数据类型，不能将数据类型不同的数据存储在同一个数组中。而且不管数组中有多少个元素，数组都只有一个数组名。

定义数组的语法如下：

```
数据类型 [数组长度]  数组名；
```

这里需要说明，在 Java 语言中可以把中括号写到数组名后面，但是在 C#语言中是不允许这样定义数组的。还可以这样定义一个数组，该数组可以存储 6 个整型数据：

```
int[6] arr ;
```

当然，定义数组的方式是非常灵活的，也可以这样定义一个数组：

```
string[] arr1= new string[5];
```

还可以定义数组的同时就赋初值，此时就不用定义数组的长度了。如下面这段代码：

```
string[] arr2 = {"top", "down", "left", "right"} ;
```

在本书里，只介绍一维数组的使用方法。

3.1.3　数组的赋值和取值

不管数组中有多少个元素,数组都只有一个数组名,那么怎么访问数组里面的元素呢？数组元素在数组里是顺序排列的，首元素的编号是 0，其他元素顺序排列，由于数组第一个元素的标号是 0，其他元素顺序排列，所以对应的每个元素的编号值为其顺序位减 1，数组元素的编号也称为元素的下标(或者称为索引)，数组中的每个元素都可以通过下标来访问和赋值。其语法格式如下：

```
//访问数组对应下标元素，将其值赋予一个变量
[数组数据类型] 变量名=数组名[下标];
//为数组对应下标元素赋值
数组名[下标]=值;
```

下面通过一个例子来说明数组的赋值和取值。

```
using System;
```

```
namespace Demo
{
    class Program
    {
        static void Main(string[] args)
        {
            string[] arr = {"李杨","诸葛浪","诸葛盼","黄超" };
            string str0 = arr[0];//读数组第一个元素
            arr[2] = "孙悟空";//修改数组第三个元素的值
            string str2 = arr[2];//读数组第三个元素
            Console.WriteLine(str0);
            Console.WriteLine(str2);
            Console.ReadKey();
        }
    }
}
```

执行以上代码，效果如图 3-1 所示。

图 3-1

注意：我们在访问数组元素时，很容易犯一个错误，那就是"索引超出了数组界限"。其意思就是，我们用下标去访问数组，但是数组长度不够，没有对应这个下标的元素，比如结合上面的例子，我们定义的数组共有 4 个元素，如果我们访问下标为 4 的元素，它其实对应的是要取数组中第 5 顺位的元素，很显然第 5 顺位的元素不存在，于是就报出了"索引超出了数组界限"这个错误，如图 3-2 所示。

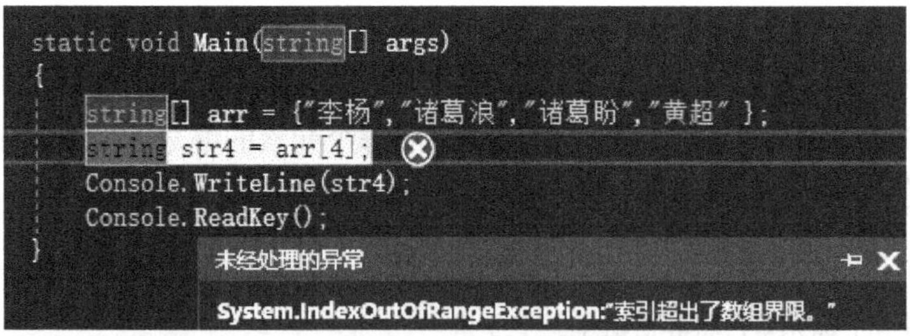

图 3-2

所以，我们在访问数组元素的时候千万要牢记数组元素下标是从 0 开始的，所要读的元素的下标值应为其在数组中的顺序位减 1。

另外一个容易犯的错误是在为数组赋值的时候，试图将与数组元素类型不同的数据赋值给对应元素，这种错误无法通过编译，如图 3-3 所示。

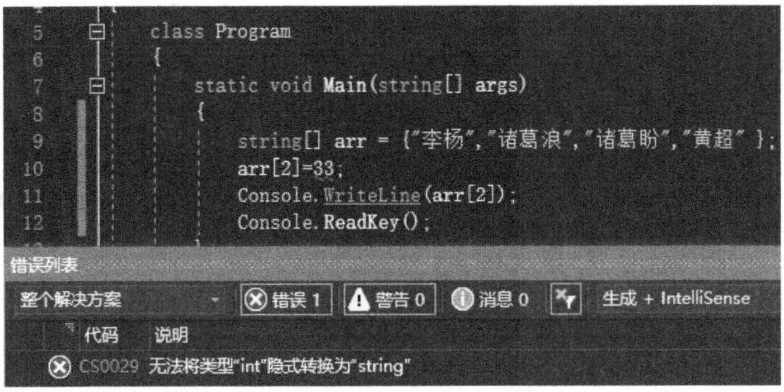

```
 5    class Program
 6    {
 7        static void Main(string[] args)
 8        {
 9            string[] arr = {"李杨","诸葛浪","诸葛盼","黄超" };
10            arr[2]=33;
11            Console.WriteLine(arr[2]);
12            Console.ReadKey();
```

错误列表

整个解决方案 ▾ ⊗ 错误 1 | ⚠ 警告 0 | ⓘ 消息 0 | ☇ 生成 + IntelliSense

	代码	说明
⊗	CS0029	无法将类型"int"隐式转换为"string"

图 3-3

很显然，在上例中 arr[2]的数据类型是 string，可是我们却给它赋了一个 int 类型的值，而数组要求其中的元素必须都是声明数组时指定的数据类型，所以会报此错误，如果在开发中遇到此错误，应该检查所赋值的数据类型是否错误。

3.1.4　使用 var 和数组初始化器创建隐型数组

隐型数组使用 var 关键字和数组初始化器创建，且数组初始化器中的元素的数据类型必须都能够隐式转换为同一个数据类型(不能为 null)的元素。也就是说，数组初始化器中必须存在一种数据类型(不能为 null)，使得数组初始化器中的所有元素都能够隐式转换为该类型的对象。

下面的示例代码创建了两个隐型数组：numbers 和 strs。其中，numbers 数组的元素的数据类型为 int，strs 数组的元素的数据类型为 string。

```
//创建隐型数组
var numbers = new[] { 0, 1, 2, 3, 4, 5, 6, 7, 8, 9 };
var strs = new[] { "a", "b", "c" };
```

如果数组初始化器中的所有元素不能隐式转换为同一数据类型(不能为 null)的元素，那么将产生编译错误。下面的代码将产生编译错误，因为数组初始化器中的元素都不能转换为 int 或 string 类型的元素，效果如图 3-4 所示。

```
//编译错误
var errors = new[] { "a", "b", "c", 1, 2, 3 };
```

图 3-4

3.1.5　数组结合循环

在实际开发过程中，我们经常会遇到元素众多的数组，我们不可能在代码中对数组的元素逐个写代码进行赋值和读取，这时候必须结合循环才可以解决问题。下面来看一个例子，从一个数组中找到最大值和最小值。

```csharp
using System;

namespace Demo
{
    /// <summary>
    /// 从数组中找到最大值和最小值
    /// </summary>
    class Program
    {
        static void Main(string[] args)
        {
            //定义一个整型数组
            int[] arr = new int[5];
            int max, min;
            Console.WriteLine("请输入五个数字");
            //数组的下标从 0 开始，此处循环计数器的下标也从 0 开始
            //进行 5 次循环
            for (int i = 0; i < 5; i++)
            {
                //每次循环都从控制台读取数据转换为 int 类型赋值给数组元素
                arr[i] = int.Parse(Console.ReadLine());
            }
            //默认数组第一个数字是目前最大值，也是最小值
            max = arr[0];
            min = arr[0];
            //数组为整型数组，所以此处 i 为 int 类型
            foreach (int i in arr)
            {
                if (i > max)
                {
                    max = i;
                }
                if (i < min)
                {
                    min = i;
                }
            }
            Console.WriteLine("最大值是{0}", max);
            Console.WriteLine("最小值是{0}", min);
            Console.ReadKey();
```

```
            }
        }
    }
```

在生活中，我们常常碰到需要排列顺序的问题，在软件开发过程中也不例外。因为排序问题在生活和工作中经常出现，所以早期的程序员提出了很多种利用程序进行排序的方法(算法)，掌握常用的排序算法也是非常重要的。排序算法里面，冒泡算法是非常经典的一个算法，在前面也学习过。下面来看看怎么用 C#语言来实现冒泡排序。

输入五个学生的考试成绩，使用冒泡算法对学生成绩进行排序，确定成绩按降序排列。代码如下：

```csharp
using System;

namespace Demo
{
    /// <summary>
    /// 使用冒泡算法对输入的学生成绩进行排序
    /// </summary>
    class Program
    {
        static void Main(string[] args)
        {
            int[] scores = new int[5];
            int temp;

            Console.WriteLine("输入五个学生的成绩");
            for (int i = 0; i < 5; i++)
            {
                Console.WriteLine("输入第{0}个学生成绩",i+1);
                scores[i] = int.Parse(Console.ReadLine());
            }

            //开始对成绩进行排序
            for (int i = 0; i < scores.Length - 1; i++)
            {
                for (int j = 0; j < scores.Length - 1 - i; j++)
                {
                    if (scores[j] < scores[j + 1])
                    {
                        temp = scores[j];
                        scores[j] = scores[j + 1];
                        scores[j + 1] = temp;
                    }
                }
            }
```

```
                    Console.WriteLine("排序后的顺序是: ");
                    foreach (int i in scores)
                    {
                        Console.WriteLine(i);
                    }
                    Console.ReadKey();
                }
            }
        }
```

该代码使用冒泡算法对成绩进行排序，执行结果如图 3-5 所示。

图 3-5

3.2 枚举

前面学习了很多数据类型，这些类型都叫作预定义类型，之所以叫作预定义，是因为 C#语言已经预先定义好了。除此之外，开发者还可以在项目中自定义类型，下面就来学习一个比较简单的自定义类型——枚举。定义一个枚举类型，需要用到 enum 关键字。下面就来看一下定义一个枚举的语法：

```
public enum Color
{
    Blue,
    Yellow,
    Red,
    Pink
}
```

这段代码定义了一个名字叫作 Color 的枚举类型，该类型包含了 4 个成员：Blue、Yellow、

Red 和 Pink。定义了这样一个枚举类型后，如何使用它呢？当然要定义一个枚举类型的变量，然后才能使用。示例如下：

```
using System;
namespace EnumDemo
{
    class Program
    {
        static void Main(string[] args)
        {
            //创建一个枚举变量，并为枚举变量赋值
            Color col = Color.Blue;
            Console.WriteLine(col);
            Console.ReadKey();
        }
    }
    /// <summary>
    /// 定义枚举类型
    /// </summary>
    public enum Color
    {
        Blue,
        Yellow,
        Red,
        Pink
    }
}
```

上面这段代码定义了一个 Color 枚举类型，在 Main()方法中定义了一个 Color 类型的变量 col，并且将该变量赋值成 Color 类型的成员 Blue，然后输出，代码执行结果如图 3-6 所示。

图 3-6

枚举类型的变量之间还可以赋值，如下面这段代码：

```
Color col = Color.Blue;
Color blue = col;
```

使用枚举类型就这么简单，大家也许会问，为什么要定义和使用枚举类型呢？如果不使用 Color 枚举类型，程序一样也可以写出来，一样可以使用，如用整数 1 来表示蓝色、2 表示红色等。但是大家想过没有，如果你为一家服装贸易公司开发软件，该公司的衣服颜色肯定不会只有蓝色、红色等这样几种简单的颜色，如深红色、大红色、浅红色，你怎么去表示这些颜色呢？此时就需要使用枚举类型。使用枚举类型有下面几点优势。

- 枚举可以使代码更易于维护，更便于理解和阅读(团队开发的时候这一点非常重要)。
- 枚举有助于确保给变量指定合法的、规定范围内的值。

在上面的第 2 点优势中，可以使用下面的代码来验证。

```
using System;
namespace EnumDemo
{
    class Program
    {
        static void Main(string[] args)
        {
            //定义一个 Color 变量，赋值为 Color.abc，但是由于 Color 枚举没有值 abc，所以无法
            通过编译
            Color col = Color.abc;//编译报错
        }
    }
    public enum Color
    {
        Blue,
        Yellow,
        Red,
        Pink
    }
}
```

上面这段代码试图把枚举类型以外的成员赋值给变量，编译器就会报告一个错误。

了解了枚举的定义和使用以后，再来了解一下枚举的运行原理。下面这段代码也是定义了一个枚举类型。

```
public enum Color
{
    Blue=0,
    Yellow=1,
    Red=2,
    Pink=3
}
```

上面这段示例代码定义枚举类型的同时，也指定了与每一个元素对应的整数，那么这是怎么一回事呢？

其实，枚举就是程序员定义的整数类型。在定义一个枚举时，指定了该枚举可以包含的一组整数值，然后给这些整数值指定了易于理解记忆的名称。所以，枚举里的每一个元素实际上是一个整数，然后给每一个整数映射了一个易于理解的名称。

在前面的例子中，没有特别指定每一个元素对应的整数，那么编译器默认就会把 0 映射到第一个元素上，然后对每个后续的元素加 1 递增。也可以在定义枚举的同时，就指定其他的整数值映射每个元素。如下面这段代码。

```csharp
public enum Color
{
    Blue=1,
    Yellow=3,
    Red=5,
    Pink=7
}
```

既然了解到枚举类型的元素都是整数，那么能不能和整型变量进行类型转换呢？当然是可以的。下面这段代码就演示了如何与整型变量进行类型转换。

```csharp
using System;
namespace EnumDemo
{
    /// <summary>
    /// 将枚举类型值转为整型值
    /// </summary>
    class Program
    {
        static void Main(string[] args)
        {
            Color col = Color.Red;
            int i = (int)col;
            Console.WriteLine(i);
            Console.ReadKey();
        }
    }
    public enum Color
    {
        Blue = 1,
        Yellow = 3,
        Red = 5,
        Pink = 7
    }
}
```

编译执行后的结果如图 3-7 所示。

图 3-7

3.3 数值类型与字符串类型之间的类型转换

3.3.1 数值类型转换成字符串

C#中一切类型都默认具有 ToString()方法，针对数值类型，调用它们的 ToString()方法就是将其类型的值转换成字符串类型的值。下面这段代码演示了将一个整型变量的值通过 ToString()方法转换成字符串类型的值。

```
static void Main(string[] args)
{
    int num = 5;
    string a = num.ToString();
}
```

float、double、decimal、enum 类型变量都可以参照以上示例，直接调用 ToString()方法将其值简单方便地转换成字符串类型。

3.3.2 字符串转换成数值类型

还记得前面的示例是怎么把客户输入的字符串变成整数的吗？对了，使用 int.Parse()方法：

```
static void Main(string[] args)
{
    int num = int.Parse(Console.ReadLine());
}
```

当想把字符串转换成数值类型的数据时，就可以使用 Parse()方法，每一个数值类型都有这个方法。例如：

```
float.Parse(string str);        //字符串转换成 float 类型
double.Parse(string str);       //字符串转换成 double 类型
```

当然需要指出的是，如果字符串中的内容本身不是数值类型，或者不能匹配对应的数值类型，将转换失败抛出异常，以下示例演示了各种转换成功与失败的情形。

```csharp
using System;

namespace Demo
{
    class Program
    {
        static void Main(string[] args)
        {
            //厚薄本身不是数值，以下转换会发生异常
            string str = "厚薄";
            int i = int.Parse(str);
            float f = float.Parse(str);

            //1001 是数值类型，其可以转换成 int 或者是 float
            string str1 = "1001";
            int i1 = int.Parse(str1);
            float f1 = float.Parse(str1);

            //100.1 是数值类型，但是无法匹配整型，却可以匹配浮点型
            //所以转换成整型会失败，转换成浮点型会成功
            string str2 = "100.1";
            int i2 = int.Parse(str2);//失败
            float f2 = float.Parse(str2);//成功
            Console.WriteLine("开始编译");
            Console.ReadKey();
        }
    }
}
```

【单元小结】

- C#数组的定义和使用。
- 嵌套循环和数组结合使用算法。
- 定义枚举类型：关键字 enum。
- 数值类型转换成字符串。
- 字符串转换成数值类型。

【单元自测】

1. 下面关于数组的说法正确的是(　　)。
   A. 数组里面的元素可以是多种数据类型
   B. 所有的数组类都继承自 Array 类
   C. 数组元素在数组中是顺序排列的，首元素编号是 1
   D. 我们可以通过构造函数直接创建一个 Array 类的实例
2. 下面关于枚举的说法错误的是(　　)。
   A. 枚举实际是程序员定义的整数类型，枚举值是为了理解记忆
   B. C#编译器默认会把枚举中第一个值赋值为 0
   C. 枚举类型中的元素可以和整型变量进行类型转换
   D. 枚举类型中的元素可以和所有数值类型进行类型转换
3. 简述如何在数值类型和字符串类型之间进行类型转换。

【上机实战】

上机目标

- 练习定义数组，结合循环实现题目要求。
- 掌握枚举的使用。
- 掌握字符串类型和数值类型之间的互相转换。

上机练习

◆　第一阶段　◆

练习 1：根据枚举变量判断输出

【问题描述】
编写程序，根据定义的枚举变量，输出相应的问候语。

【问题分析】
- 定义枚举类型，表示一天的早上、中午和晚上。
- 声明一个枚举类型变量并赋值。
- 使用分支结构判断，根据枚举变量输出。

【参考步骤】
(1) 新建一个控制台应用程序项目。

(2) 在项目源代码文件里添加如下代码。

```csharp
using System;

namespace Demo
{
    /// <summary>
    /// 定义枚举类型
    /// </summary>
    public enum TimeOfDay
    {
        Morning,
        Afternoon,
        Evening
    }
    /// <summary>
    /// 练习枚举类型的使用
    /// </summary>
    class Program
    {
        static void Main(string[] args)
        {
            //定义枚举变量值为晚上
            TimeOfDay t = TimeOfDay.Evening;
            //将晚上传递给 SayHello()方法
            SayHello(t);
            Console.ReadKey();
        }
        /// <summary>
        /// 根据传入的枚举值的不同进行不同的问候
        /// </summary>
        /// <param name="timeOfDay"></param>
        static void SayHello(TimeOfDay timeOfDay)
        {
            switch (timeOfDay)
            {
                case TimeOfDay.Morning:
                    Console.WriteLine("Good Morning");
                    break;
                case TimeOfDay.Afternoon:
                    Console.WriteLine("Good Afternoon");
                    break;
                case TimeOfDay.Evening:
                    Console.WriteLine("Good Evening");
                    break;
                default:
                    Console.WriteLine("Hello");
```

```
                break;
            }
        }
    }
}
```

(3) 编译。在 IDE 环境中选择"生成"|"生成解决方案"命令。

(4) 运行。在 IDE 环境中选择"调试"|"启动调试"命令,或者直接按 Ctrl+F5 键,开始程序的运行。如果代码输入无误,可以看到运行结果如图 3-8 所示。

图 3-8

小试验:在程序中试着把枚举类型以外的值赋值给枚举变量。

练习 2:在数组中查找客户输入的数字

【问题描述】

编写一个程序,定义数组接收客户输入的 5 个数,查找客户输入的某个数字在数组中的位置并输出,如果没有找到,则输出没有此数据。

【问题分析】

● 声明一个数组,接收 5 个数字。
● 接收客户要查找的数字。
● 查找并输出。

【参考步骤】

(1) 新建一个控制台应用程序项目。
(2) 在项目源代码文件里添加如下代码。

```
using System;

namespace Demo
{
    /// <summary>
    /// 在一组数中查找数据
    /// </summary>
    class Program
```

```csharp
    {
        static void Main(string[] args)
        {
            //创建一个可以拥有 5 个成员的 int 数组
            int[] arr = new int[5];
            //为数组赋值
            for (int i = 0; i < 5; i++)
            {
                Console.WriteLine("请输入第{0}个数字", i + 1);
                arr[i] = int.Parse(Console.ReadLine());
            }

            //定义一个变量，赋初始值为 5
            int position = 5;
            Console.WriteLine("输入你要查找的数字：");
            //定义搜索变量 search，用于接收用户输入进来要查询的值
            int search = int.Parse(Console.ReadLine());
            //数组长度为 5，数组的下标起于 0，终于 5，而不能等于 5
            for (int i = 0; i < 5; i++)
            {
                //如果对应下标为 i 的元素的值等于要查询的值，若不满足条件则不做处理，亦
                //即 position=5
                if (arr[i] == search)
                {
                    //将下标的值赋给变量 position，由于 0<=i<5，很显然 i 不能等于 5
                    position = i;
                    break;
                }
            }
            if (position < 5)
            {
                Console.WriteLine("找到了，该数字在数组的第{0}个位置", position + 1);
            }
            else
            {
                Console.WriteLine("没有找到该数字！");
            }
            Console.ReadKey();
        }
    }
}
```

(3) 编译执行，输入测试数据后会得到如图 3-9 所示的结果。

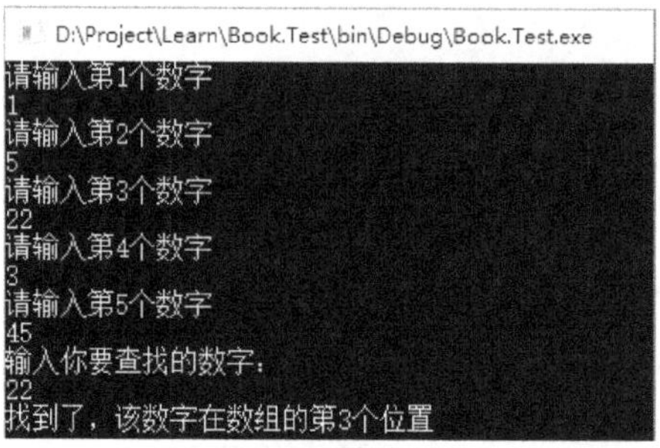

图 3-9

◆ 第二阶段 ◆

练习 3：向已经排好序的数组中添加数据，添加数据后数组仍然是有序的

【问题描述】

编写一个程序，接收排好序的 10 个数字，向数组中添加数据，添加数据后，数组中的数字仍然是有序的。

【问题分析】

- 声明数组，接收数据。
- 找到合适的插入位置。
- 把该位置后面的数据依次向后移动一个位置。
- 将添加数据插入到该位置。

【拓展作业】

编写程序，输出斐波那契数列的前 15 个数字(斐波那契数列指的是这样一个数列：0、1、1、2、3、5、8、13、21……，亦即从第 3 个数开始，每一个数都等于它前面的两个数的和)。

单元 四

类和对象的应用

 课程目标

▶ 了解面向对象语言的诞生

▶ 掌握类的概念和定义

▶ 了解对象的意义和实例化对象

▶ 了解成员方法的定义

▶ 掌握构造方法的作用和定义

▶ 理解命名空间

 **简 介**

在单元三中学习了数组的定义和使用，并且学习了一种自定义数据类型——枚举。本单元将学习面向对象语言最重要的基础知识——类和对象。

4.1 C#——面向对象语言

4.1.1 面向对象语言的诞生

在学习面向对象语言之前，我们先来学习一下程序设计语言发展的历史和背景。说到面向对象程序设计语言，就不得不说到面向过程程序设计语言，我们知道，C#语言是从 C 语言发展而来的，C 语言就是一种面向过程的程序设计语言。那么面向过程的程序设计语言有什么特点呢？为什么面向过程的程序设计语言不适应现在的软件开发，而需要面向对象语言呢？

简单地说，面向过程的编程语言在涉及大量计算的算法问题上，程序员必须从算法(也就是计算机运算数据)的角度揭示事物的特点，面向过程的分割是合适的。但是现在的软件应用涉及社会生活的方方面面，对变动的现实世界，面向过程的设计方法暴露出越来越多的不足，它有以下缺点。

- 功能(为了能完成某个功能，实现对数据的操作的方法)与数据分离，不符合人们对现实世界的认识。
- 基于模块的设计方式，导致软件修改困难。
- 自顶向下的设计方法，限制了软件的可重用性，降低了开发效率，也导致最后开发出来的系统难以维护。

为了解决这些问题(特别是第一个问题)，面向对象的技术应运而生，它将数据和对数据的操作(数据和操作该数据的方法)作为一个相互依赖、不可分割的整体，力图对现实世界问题的求解简单化。它符合人们的思维习惯，同时有助于控制软件的复杂性，提高软件的生产效率，从而得到了广泛的应用，已成为目前最为流行的一种软件开发方法。

作为面向对象技术的重要组成部分，面向对象编程语言充分体现了面向对象技术的特点和优点。C#语言是面向对象语言的代表之一，在本单元和后面的课程学习过程中，会详细介绍面向对象技术的各种语法。

说了这么多，现在就来学习面向对象语言的基础概念——类及其相关语法。

4.1.2 面向对象语言基础——类的概念和定义

前面提到，面向过程的编程语言最大的缺点就是，数据和对数据的操作是分开的。而现实世界中的每一个东西(万事万物)，既具有独特的特征(数据)，又具有独特的行为(方法)，面向对象语言中实现把事物的特征和行为定义在一起的语法就是类。下面就是定义一个Person(人)类的例子：

```
class Person
{
    //下面是人这个类所共同具有的特征，也就是数据
    public string name;//每个人都有名字
    public int age;//每个人都有年龄

    //下面是人这个类所共同具有的行为，也就是方法——问候
    public void SayHello()
    {
        Console.WriteLine("你好，我是{0}", name);
    }
}
```

该段代码演示了如何定义一个类，首先来解释语法。最先看到的一个单词——class 就是定义一个类的关键字(这个关键字一定要记住)，class 后面紧接着就是定义的类的名字，这里定义了一个叫 Person 的类。类名后面是一对大括号，括号内部定义了能存储该类特征(数据)的变量——name 和 age 分别存储一个人的名字和年龄。大家也许会看到有个关键字很陌生，那就是 public 关键字，在下一单元里我们会详细学习这个关键字的作用和意义，先暂时记住。在定义了两个成员变量后，接下来定义了一个 SayHello()方法，描述该类具有的行为——问候。现在学习了定义类最基本的语法，是不是感觉和现实世界的事物相似？

接下来解释定义类的意义(面向对象语言贴近现实世界的原因)。看到类这个字，大家就会联想到许多词，如类别、分类、物以类聚等。世界上万事万物都是可以归为某一类的，比如说鲨鱼属于鱼类。同样，一说到鸟类，你是不是就会想到一对翅膀扇动起来就能飞的动物？平时所说的类，就是把具有相同特点和行为的事物来一个定义和归纳。程序员在代码中定义的类意义其实是一样的，把具有相同数据和方法的"对象"(程序操作的对象)来一个定义和归纳，也就是定义成类。下面举个例子来说明这个过程，如果要为一个学校开发一个学生管理系统，那么这个软件需要处理大量与学生有关的数据，所以就可以定义一个学生类来处理学生的数据和方法。以下是学生类定义的代码：

```
class Student
{
    public string id;//学生编号
    public string name;//学生的名字
    public int age;//学生的年龄
    //学生共同的方法——学习
    public void Study()
    {
        Console.WriteLine("好好学习，天天向上！");
    }
}
```

类定义好以后，还不能在代码里面直接发挥作用，这要涉及另外一个概念和语法——对象。

4.1.3 对象

在前面我们了解到，把程序中要操作的具有相同数据和方法的"对象"归纳起来，定义成类。但是，如果想执行类里面的方法(如学生类的 Study()方法)，访问里面的变量，就会发现执行不了，必须要用类来创建一个对象(专业术语叫作实例化一个对象)，才能执行类里面的方法，才能给里面的变量赋值。以下代码演示如何实例化一个 Student 类的对象：

```csharp
using System;
using System.Text;
namespace Demo
{
    //定义一个类，类名是 Student
    class Student
    {
        public string id;//学生编号
        public string name;//学生的名字
        public int age;//学生的年龄
        //学生共同的方法——学习
        public void Study()
        {
            Console.WriteLine("{0}{1}岁了，要好好学习，天天向上！",name, age);
        }
    }
    /// <summary>
    /// 实例化对象，调用方法
    /// </summary>
    class Program
    {
        static void Main(string[] args)
        {
            Student stu = new Student();//实例化一个对象
            stu.name = "王明";
            stu.age = 20;
            stu.Study();
            Console.ReadKey();
        }
    }
}
```

注意 Main()方法中的第一行代码，一个新关键字——new。new 关键字的作用就是实例化一个类的对象，关键字后面是要实例化的类名，类名紧接着一对圆括号(圆括号的意义在稍后学习)。这样就定义了一个名叫 stu 的对象，该对象属于 Student 类。既然 stu 对象属于

Student 类，就会有该类定义的三个变量(成员变量)和一个方法(成员方法)。在这里为 stu 对象其中的两个变量赋值了，名字是王明，年龄赋值 20，然后调用了 stu 对象的 Study()方法，在 Study()方法中输出了 stu 对象的名字和年龄(然后要好好学习)，执行结果如图 4-1 所示。

图 4-1

大家也许会有疑问，为什么类要实例化一个对象，才能给里面的变量赋值和调用方法。其实，这与现实中的世界是一样的。人类就好像是定义的类，你不会听到别人说"人类，去把房间打扫一下！"，一定是"姚明，去把房间打扫一下！"。人类是抽象的一个类，不能完成任何功能，但是"姚明"是人类的一个具体对象，他具有人类的所有特征和行为，所以"姚明"可以去打扫房间。

类和对象是不可分割的两个概念。类是共同点的归纳，是对一类事物的抽象概括，对象是具体的事物。对象具有类所有的变量和方法。定义了类以后，可以在需要的地方随时定义该类的对象，如刚才的例子可以定义多个对象，每个对象单独存储数据。

```csharp
using System;

namespace Demo
{
    class Student
    {
        public string id;          //学生编号
        public string name;        //学生的名字
        public int age;            //学生的年龄

        public void Study()
        {
            Console.WriteLine("我是{0}，我要好好学习，天天向上！", name);
        }
    }
    /// <summary>
    /// 实例化多个对象
    /// </summary>
    class Program
    {
        static void Main(string[] args)
        {
            Student stu1 = new Student(); //实例化第一个对象
            stu1.name = "王明";
```

```
            stu1.age = 20;
            stu1.Study();

            //实例化第二个对象
            Student stu2 = new Student();
            stu2.name = "张涛";
            stu2.age = 18;
            stu2.Study();
            Console.ReadKey();
        }
    }
}
```

在这个例子里面定义了两个对象，并且这两个对象都有自己的成员变量，各自存储的数据不一样，也体现了类是共体，对象是个体的概念。代码执行结果如图4-2所示。

图 4-2

讲解了类和对象的概念以及语法以后，总结一下类里面可以定义的重要成员。在现阶段，我们知道类里面可以定义成员变量和成员方法。其中，成员变量比较简单，就像以前定义变量一样。这里需要讲解和复习(Java 基础知识中学习过)的是定义成员方法。

4.1.4　创建匿名类的对象

匿名类是 C# 3.0 提供的一个新的语法机制，它使用 new 操作符和匿名对象初始化器创建一个新的对象。这个新创建的对象就是一个匿名类型的对象。下面的代码创建了一个匿名类型的对象，并保存于 var 关键字标识的 role 变量。

```
//创建匿名类的对象
var role = new { ID = 1, RoleName = "Admin" };
```

在创建匿名类型的对象时，编译器首先为新对象创建一个类(类的名称由编译器指定)，并在该类中设置相应的属性，然后使用该类创建一个实例，并设置该实例各个属性的值。

下面的代码创建了一个匿名类型的对象，并保存于 role 变量。该匿名类型的对象包含 ID 和 RoleName 属性，其中，ID 属性的值为"1"，RoleName 属性的值为"Admin"。

```
class Program
{
    static void Main(string[] args)
```

```
    {
        //创建匿名类的对象
        var role = new { ID = 1, RoleName = "Admin"} ;

        //显示 role 的 RoleName 属性值
        Console.WriteLine("RoleName:" + role.RoleName);
        Console.ReadKey();
    }
}
```

运行结果如图 4-3 所示。

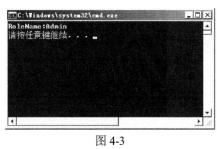

图 4-3

4.2　成员方法

4.2.1　成员方法的定义

成员方法，简单地说，就是定义在类内部的方法，反映这个类具有的行为。在前面的例子里面，学生类就有一个成员方法。

```
class Student
{
    public string id;//学生编号
    public string name;//学生的名字
    public int age;//学生的年龄
    public void Study()
    {
        Console.WriteLine("我是{0}，我要好好学习，天天向上！", name);
    }
}
```

在Student类中，注意定义成员方法的格式。总结来说，需要注意四个要素：public——访问修饰符(5.1 节重点)；void——返回值类型，该方法没有返回值；Study——方法名；一对圆括号里面的参数列表。定义成员方法的语法，一共由 4 个部分组成，语法格式如下：

[访问修饰符]　返回类型　<方法名>(参数列表)

```
    {
        //方法体
    }
```

4.2.2 方法调用

要调用 C#方法，首先要实例化类对象，再使用点符号来调用方法。调用方法的语法如下：

对象名.方法名(参数列表)

方法的定义与调用都与 Java 一样。下面来看一个例子，演示成员方法的定义和调用，完成两个整数相加并输出的功能：

```
using System;

namespace Demo
{
    class Math
    {
//该方法需要两个整型参数，并且返回两个整数的和
        public    int    Add(int a,int b)
        {
            return a + b;
        }
    }
    /// <summary>
    /// 实例化对象，调用方法
    /// </summary>
    class Program
    {
        static void Main(string[] args)
        {
            Math m = new Math();
            int sum= m.Add(5, 10);
            Console.WriteLine("和是：{0}",sum);
            Console.ReadKey();
        }
    }
}
```

程序编译执行后，结果如图 4-4 所示。

图 4-4

4.3　构造方法

4.3.1　为什么需要构造方法

在前面学习了如何实例化一个类对象，代码如下。

```
Student stu = new Student();//实例化一个对象
```

new关键字后面跟类名，然后是一对圆括号(如果没有圆括号就会报错，程序执行不了)。为什么这里有一对圆括号呢？想想看，在前面的哪个地方需要圆括号？对了，调用方法的时候需要写一对圆括号，圆括号里面是参数。也就是说，实例化一个类对象的时候要调用类里面的一个方法，该方法就是构造方法。构造方法是一种特殊的方法，必须在实例化对象的时候调用。定义构造方法的语法如下：

```
class  类名
{
      //构造方法名与类同名，没有返回值类型，如果写了编译报错
      public  类名(参数列表)
      {
            //代码
      }
}
```

结合前面的例子，给 Student 类加上无参数构造方法。代码如下：

```
class Student
{
      public string id;
      public string name;
      public int age;
      //一个无参数的构造方法
      public Student()
      {
            //这里填写一些代码，后面结合带参数构造方法讲解
      }
```

```
    public void Study()
    {
        Console.WriteLine("我是{0}，我要好好学习，天天向上！", name);
    }
}
```

定义构造方法一定要注意如下两点。

● 构造方法名必须与类名是一样的。

● 构造方法没有返回值类型，因为构造方法没有返回值。

上面是最简单的构造方法——无参构造方法的语法，也许大家会说为什么要定义构造方法啊？感觉没什么作用，也没有什么特殊意义。那么接下来看一个例子，说明如果没有构造方法，会是一个什么样子。

```
using System;
namespace Demo
{
    class Student
    {
        public string id;//学生编号
        public string name;//学生的名字
        public int age;//学生的年龄
        public string classid;//学生所在班级编号
        public string hobby;//兴趣爱好
        public string address;//家庭住址
        public string sex;//性别
        public int height;//身高
        public int weight;//体重

        public void Study()
        {
            Console.WriteLine("我是{0}，我要好好学习，天天向上！", name);
        }
    }

    class Program
    {
        static void Main(string[] args)
        {
            Student stu = new Student();
            //为 stu 对象所有的成员变量赋初值
            stu.id = "a001";
            stu.name = "张明";
            stu.age = 18;
            stu.classid = "T88";
            stu.hobby = "篮球";
            stu.address = "武汉";
```

```
                stu.sex = "男";
                stu.height = 178;
                stu.weight = 149;
            }
        }
    }
```

　　这段代码定义了一个 Student 类，该类有 9 个成员变量。在 Main()方法中实例化了一个 Student 类对象，对象名是 stu，然后对 stu 对象的每一个成员变量赋初值。大家可能会觉得该段代码很平常，但是如果类里面有几十个成员变量，给对象赋初值就要写几十行代码，这会让程序员的工作效率非常低(也会让人很抓狂，大家可以试着写一下)。

　　那么有没有办法，让我们给对象赋初值方便、简捷一些呢？当然是有的，使用带参数构造方法就可以达到这个目的。下面的代码就是使用带参数构造方法来简化上面代码的例子。

```csharp
using System;

namespace Demo
{
    class Student
    {
        public string id;//学生编号
        public string name;//学生的名字
        public int age;//学生的年龄
        public string classid;//学生所在班级编号
        public string hobby;//兴趣爱好
        public string address;//家庭住址
        public string sex;//性别
        public int height;//身高
        public int weight;//体重

        //不带参数构造方法
        public Student()
        {
        }
        //带参数构造方法，参数写在圆括号里，在代码里面给对象的每个成员变量赋值
        public Student(string Id, string Name, int Age, string Classid,
            string Hobby, string Address, string Sex, int Height, int Weight)
        {
            this.id = Id;
            this.name = Name;
            this.age = Age;
            this.classid = Classid;
            this.hobby = Hobby;
            this.address = Address;
            this.sex = Sex;
```

```
            this.height = Height;
            this.weight = Weight;
        }

        public void Study()
        {
            Console.WriteLine("我是{0}，我要好好学习，天天向上！", name);
        }
    }


    /// <summary>
    /// 实例化对象，调用方法
    /// </summary>
    class Program
    {
        static void Main(string[] args)
        {
            //实例化一个对象时，就调用了构造方法，把初始值按顺序写到圆括号里面，
            //就为对象赋值了，非常方便、简捷
            Student stu = new Student("a001","张明",18,"T88","篮球","武汉","男",178,149);
        }
    }
}
```

带参构造方法和无参构造方法都是实例化对象时调用的，不同的是，圆括号里面填写给对象赋值的是数据。在上面这段代码里面，为对象赋初值只用了一行代码。在构造方法里面有一个关键字——this，这个关键字在本单元后面将会讲到，暂时略过。构造方法的作用如下：构造方法可以更简捷地为对象赋初值。实例化对象的同时，就可以给该对象的指定成员变量赋初值。

- 对象的每一个成员变量要存储数据，就要在内存中开辟空间。类的构造方法最大的作用，就是为对象开辟内存空间，以存储数据。这也是为什么实例化对象的时候，一定要调用构造方法的原因。
- 构造方法只有实例化对象的时候才能调用，不能像其他方法那样通过方法名调用。

在前面学习到，定义一个变量就会在内存中开辟一个空间存储数据。实例化一个对象后，对象的成员变量也要开辟内存空间，这个重要的任务就是构造方法完成的。

讲到这里，关于构造方法还有两个问题，一个是 this 关键字(4.3.2 节会讲解)，还有一个就是，在本单元刚开始定义 Student 类的时候，根本就没有写构造方法，为什么程序也可以正常执行，也可以实例化对象。那是因为，如果没有为一个类编写任何构造方法，编译器会自动为该类添加一个无参构造方法，给所有成员变量赋默认值(数值类型变量是 0，字符串为空字符串)，保证程序正常执行。

还有一点需要说明，当为类提供了有参构造方法后，编译器就不会自动提供无参的构造方法，需要用户手动编写一个无参的构造方法，也就是下面的这个例子。

```
class Student
{
    public string id;//学生编号
    public string name;//学生的名字
    public int age;//学生的年龄
    public string classid;//学生所在班级编号
    public string hobby;//兴趣爱好
    public string address;//家庭住址
    public string sex;//性别
    public int height;//身高
    public int weight;//体重

    //手动编写无参构造方法
    public Student()
    {
    }

//带参数构造方法，参数写在圆括号里，在代码里面给对象的每个成员变量赋值
public Student(string Id, string Name, int Age, string Classid, string Hobby,
    string Address, string Sex, int Height, int Weight)
    {
        this.id = Id;
        this.name = Name;
        this.age = Age;
        this.classid = Classid;
        this.hobby = Hobby;
        this.address = Address;
        this.sex = Sex;
        this.height = Height;
        this.weight = Weight;
    }

    public void Study()
    {
        Console.WriteLine("我是{0}，我要好好学习，天天向上！", name);
    }
}
```

这样编写两个版本的构造方法，它的好处是可以有两种方式实例化对象，如下面的代码。

```
static void Main(string[] args)
{
    //实例化一个对象，调用有参构造方法
    Student stu = new Student("a001","张明",18,"T88","篮球","武汉","男",178,149);
    //实例化对象，同时调用无参构造方法
    Student otherstu = new Student();
}
```

4.3.2　this 关键字

在前面编写有参构造方法的代码里，已经提到过 this 关键字，那么 this 关键字的作用是什么呢？

首先，this 英文单词的意思就是"这个，当前的"。在 C#里，它的作用是引用你当前正在操作的这个对象。在构造方法里面使用 this 关键字，就是给当前操作的对象进行赋值，如下面这个例子。

```
namespace Demo
{
    class Student
    {
        public string id;
        public string name;
        public int age;
        public Student(string Id, string Name, int Age)
        {
            //使用 this 关键字，表示给当前的对象成员赋值
            this.id = Id;
            this.name = Name;
            this.age = Age;
        }

        public void Study()
        {
            Console.WriteLine("我是{0}，我要好好学习，天天向上！", name);
        }
    }

    /// <summary>
    /// 实例化对象，调用构造方法
    /// </summary>
    class Program
    {
        static void Main(string[] args)
        {
            //实例化 stu 对象，调用构造方法，给 stu 对象的成员变量赋值
            Student stu = new Student("a001","张明",18);

            //实例化 otherstu 对象，调用构造方法，给当前的 otherstu 对象赋初值
            Student otherstu = new Student("a002", "王飞", 21);
        }
    }
}
```

在这个示例中，第一次实例化对象时，是在操作 stu 对象，所以 a001、张明、18 这些数据是赋值给 stu 对象——通过构造方法里面的 this 关键字。第二次实例化对象时，正在操作 otherstu 对象，a002、王飞、21 这些数据通过构造方法赋值给了 otherstu 对象。所以，可以把 this 关键字看作一个替换词，它替代当前正在操作的对象名。看下面这个例子，大家思考一下输出的结果是什么。

```
using System;

namespace Demo
{
    class Student
    {
        public string id;
        public string name;
        public int age;

        public Student(string Id, string Name, int Age)
        {
            //使用 this 关键字，表示给当前的对象成员赋值
            this.id = Id;
            this.name = Name;
            this.age = Age;
        }

        public void Study()
        {
            Console.WriteLine("我是{0}，今年{1}岁", this.name, this.age);
        }
    }

    /// <summary>
    /// 实例化对象，调用构造方法
    /// </summary>
    class Program
    {
        static void Main(string[] args)
        {
            Student stu = new Student("a001","张明",18);
            Student otherstu = new Student("a002", "王飞", 21);
            //调用 stu 对象的 Study()方法
            stu.Study();
            Console.ReadKey();
        }
    }
}
```

4.4　命名空间

掌握了定义类以后，就了解一下怎样组织类。也就是说，当一个项目很大，需要编写很多类的时候，该怎么去组织类(如果一个项目两个类同名，那么会报命名冲突)。这就跟管理计算机里的文件是一个道理，如果一个文件夹里面想存两个文件名一样的文件，操作系统就会报错，只能把名字一样的文件分开放到不同的文件夹里。

那么使用什么来组织类呢？答案是命名空间。命名空间是为了把一些类更好地管理而定义的，把这些类和实体集合起来的一个团体。命名空间是类的逻辑分组，下面示例定义了一个命名空间，并在空间里面定义了一个类。在前面的示例中，都是把 Student 类和主类(包含主方法的类就叫作主类)写在一起，也就是写在一个文件里面。下面示例在项目里面添加了一个类文件，把 Student 类单独写到添加的类文件里面，自定义了命名空间——MyNameSpace：

```csharp
using System;

namespace MyNameSpace
{
    class Student
    {
        public string id;
        public string name;
        public int age;

        public Student(string Id, string Name, int Age)
        {
            //使用 this 关键字，表示给当前的对象成员赋值
            this.id = Id;
            this.name = Name;
            this.age = Age;
        }

        public void Study()
        {
            Console.WriteLine("我是{0}，今年{1}岁", this.name, this.age);
        }
    }
}
```

上面代码示例中，第4行有一个关键字——namespace，这个关键字用来定义命名空间，关键字后面就是命名空间的名字，示例中空间名是 MyNameSpace。Student 类定义在这个命名空间中，那么以后使用这个类实例化对象的时候，就需要在 Main()方法里填写如下代码。

```csharp
using System;
namespace Demo
```

```
{
    class Program
    {
        static void Main(string[] args)
        {
            MyNameSpace.Student stu = new MyNameSpace.Student("a001","张明",18);
            MyNameSpace.Student otherstu = new MyNameSpace.Student("a002", "王飞", 21);
            stu.Study();
            Console.ReadKey();
        }
    }
}
```

在 Main()方法中实例化 Student 类对象，就必须先写命名空间名，然后才是类名(空间名和类名中间有".")运算符)。这就好比要找一个文件，先要进入文件夹一样。这样，就算类名一样，但是命名空间不一样，也可以在一个项目里面定义和使用。

虽然命名空间可以很好地组织类，以免类名冲突，但是也给我们带来了一些麻烦。那就是书写变得很烦琐，每次实例化 Student 类对象，还要先写 MyNameSpace 命名空间名。为了解决这个问题，可以使用 using 关键字，预先引入命名空间，以后实例化 Student 类对象的时候，就不用写空间名了。如下示例：

```
using System;
using MyNameSpace;//预先引入命名空间
namespace Demo
{
    /// <summary>
    /// 引入命名空间
    /// </summary>
    class Program
    {
        static void Main(string[] args)
        {
            Student stu = new MyNameSpace.Student("a001","张明",18);
            Student otherstu = new MyNameSpace.Student("a002", "王飞", 21);
            //调用 stu 对象的 Study()方法
            stu.Study();
            Console.ReadKey();
        }
    }
}
```

上面示例演示了预先引入命名空间，在 Main()方法中实例化对象时，就不用再写命名空间名了。因为编译器会在所有 using 的命名空间中寻找 Student 类。

【单元小结】

- 类是一种类型，反映了一些对象共同具有的数据和行为。
- 对象是类具体的一个个体。
- 成员变量表示对象的特征，成员方法表示对象的行为。
- 如果类中未定义构造方法，则提供默认构造方法。
- 构造方法分配成员变量所需的内存空间，初始化成员变量。
- 定义了有参构造方法后，应该添加无参构造方法。
- 命名空间用来组织类，需要用到 namespace 关键字。

【单元自测】

1. 命名空间的作用是(　　)。
   A. 初始化成员变量　　　　　　B. 实例化对象
   C. 解决命名冲突　　　　　　　D. 为成员变量开辟内存空间
2. 下面哪个关键字是引入命名空间？(　　)
   A. using　　　　　　　　　　B. public
   C. enum　　　　　　　　　　D. namespace
3. 下列对构造方法的陈述，正确的是(　　)。
   A. 提供了有参构造方法，编译器也会自动提供无参构造方法
   B. 构造方法与类名同名
   C. 构造方法没有返回值，所以定义时有 void 关键字
   D. 构造方法的调用方式和其他方法相同
4. 类用来描述具有相同特征和行为的对象，它包含(　　)。(多选)
   A. 变量　　　　　　　　　　　B. 方法
   C. 构造方法　　　　　　　　　D. 行为
5. 在类的方法中，要访问当前对象的成员变量，需要使用关键字(　　)。
   A. using　　　　　　　　　　B. this
   C. namespace　　　　　　　　D. ref

【上机实战】

上机目标

- 掌握如何定义类，实例化对象，调用方法。
- 理解并掌握构造方法的使用，初始化对象成员变量。

上机练习

练习 1：掌握类的定义和对象实例化

【问题描述】

创建一个控制台应用程序，实现公司员工信息的输入和显示，显示该员工工资总额。

【问题分析】

● 定义一个类，类名为 Employee，该类有三个成员变量，分别存储员工姓名、员工等级和基本工资，一个成员方法，用来根据等级计算工资。

● 实例化对象，保存员工的数据，对成员变量赋初值。

● 调用方法，显示该员工的工作所得。

【参考步骤】

(1) 新建一个控制台应用程序项目，项目名称为 Example。

(2) 在 Program.cs 文件中定义 Employee 类。

(3) 在 Main()方法中添加代码，给成员变量赋值，调用方法查看工资总额，代码如下。

```
using System;

namespace Demo
{
    class Employee
    {
        public string name;
        public int level;
        public int salary;

        public void DisplaySumSalary()
        {
            Console.WriteLine("{0}的工资总额是{1}!", this.name, this.salary * this.level);
        }

    }
    /// <summary>
    /// 定义类，实例化对象并调用方法
    /// </summary>
    class Program
    {
        static void Main(string[] args)
        {
            Employee emp = new Employee();
```

```
                Console.WriteLine("请输入姓名");
                emp.name = Console.ReadLine();
                Console.WriteLine("请输入你的评级");
                emp.level = int.Parse(Console.ReadLine());
                Console.WriteLine("请输入基本工资");
                emp.salary = int.Parse(Console.ReadLine());

                emp.DisplaySumSalary();
                Console.ReadKey();
            }
        }
    }
```

(4) 编译执行后，运行结果如图 4-5 所示。

图 4-5

练习 2：练习构造方法的定义和使用

【问题描述】

定义一个类，保存公司新招员工信息，包括学历、姓名、性别、期望工资。如果没有填写学历，默认学历为大学毕业。

【问题分析】

通过使用默认构造方法来创建并实例化对象(默认学历)，通过使用带参数构造方法来实例化另一个对象(学历不是默认)，并输出它们的结果。

【参考步骤】

(1) 新建一个控制台应用程序项目。

(2) 在源代码文件中添加如下代码。

```
using System;

namespace Demo
{
    class Employee
```

```
{
    public string qualification;//学历
    public string name;//姓名
    public char gender;//性别
    public uint salary;//期望工资

    //默认构造方法，设置学历为大学毕业生
    public Employee()
    {
        this.qualification = "大学毕业生";
    }

    //参数化构造方法
    public Employee(string strQualification, string strName,char cGender,uint empSalary)
    {
        this.qualification = strQualification;
        this.name = strName;
        this.gender = cGender;
        this.salary = empSalary;
    }
}

/// <summary>
/// 实例化多个对象，调用不同的构造方法实例化对象
/// </summary>
class Program
{
    static void Main(string[] args)
    {
        //调用默认构造方法
        Employee objGraduate = new Employee();

        //调用参数化构造方法
        Employee objMBA = new Employee("工商管理学硕士","Tomy", 'm', 40000);
        Console.WriteLine("默认构造函数输出：\n 资格="
            + objGraduate.qualification);

        Console.WriteLine("\n 参数化构造函数输出：\n 资格="
            + objMBA.qualification);
        Console.ReadKey();
    }
}
}
```

(3) 编译执行后，运行结果如图 4-6 所示。

图 4-6

◆ 第二阶段 ◆

练习 3：模拟电子计算器的功能，编写一个类，实现两个整数的加减乘除运算

【问题描述】

编写一个 Calculator 类，其中两个成员变量存储两个操作数，定义 4 个成员方法，计算两个操作数的加减乘除运算。

【问题分析】

- 定义 Calculator 类，添加成员变量和成员方法。
- 在 Main()方法中实例化 Calculator 类。
- 根据客户输入的数字和选择，执行相应的方法。
- 输出结果。

【拓展作业】

编写一个程序，用于模拟银行账户的基本操作，要求：有初始化余额、存取现金操作和随时查看余额等操作。说明：初始化余额有两种方式，客户指定余额和默认余额为 1000。

提示

在源程序中定义一个 Account 类，表示账户。该类包含一个名为 balance 的成员变量，表示余额。编写一个无参构造方法，余额赋值为 1000。定义一个有参构造方法，客户指定数值赋值给 balance 成员变量。定义三个方法，分别表示存钱、取钱和查看余额。

单元 **五**

类和对象的高级应用

 课程目标

▶ 理解访问修饰符的使用

▶ 理解什么是值类型，什么是引用类型

▶ 了解静态方法和静态成员变量

▶ 了解 ref 关键字的使用

▶ 掌握 out 关键字的用法

▶ 掌握重载的语法和意义

 **简 介**

在单元四中已经学习了类和对象的相关概念，以及类的成员变量、类的成员方法、构造函数、利用命名空间组织类等。本单元将通过对面向对象语言特点、访问修饰符、值类型、引用类型、静态方法、静态成员变量、ref 关键字、out 关键字、重载等知识的学习进一步加深对面向对象的认识。

5.1 面向对象语言的特点和访问修饰符

5.1.1 面向对象语言的特点

单元四中我们学习了面向对象的基本语法——类和对象，在这里我们简要回顾一下，类描述了一种共性，定义了某一类事物(对象)共同具有的特征和行为。对象是具体的个体，是属于某一类的具体的事物。我们总说，面向对象语言模拟了现实世界，那么面向对象编程语言都应该具有哪些特点呢？虽然面向对象语言有几十种，但都具有以下三个特点。

- 封装——将数据或函数(行为)等集合在一个个的单元中(我们称之为类)。
- 继承——类似于现实世界继承的意思，单元八中会学习到。
- 多态——一个事物(类)有多种表现形式，单元八中将重点讲解。

封装就是将一系列数据或者函数(行为)等集合在一个个单元中。下面结合一个生活中的例子来帮助你理解封装的含义。例如，一辆汽车，它是由底盘、轮胎、方向盘、发动机、车载系统、外壳等拼装成的整体，我们可以认为汽车就是一个封装单元，把车的颜色、车牌号、车的排量等看作是车的数据，车提供了行驶的功能，车座位提供了坐下休息的功能，可以将这些功能看作是车这个封装单元的函数。生活中还有很多事物可以被视为封装的整体，你可以举出一些其他的例子吗？下面即将要学习的访问修饰符的作用就是设置被封装在类中的成员是否可以被外界直接调用(访问)。

5.1.2 访问修饰符

我们知道，封装是将数据或函数(行为)等集合在一个个单元中，我们可以通过调用封装好的单元，获得其中的数据，使用其中的函数。但是有时候作为程序员封装单元的时候，我们可能会希望其中一些数据、函数能被用户获得、调用，一些数据、函数希望不能被用户获得、调用。下面举一个现实中的例子来模拟上述情形，一台电视机，它由内部的电路板、电路、液晶屏、外壳等组成，但是电视机中只有部分功能和属性是对我们公开的，例如，开关、遥控等行为功能，品牌、尺寸等属性数据，还有很多功能和属性是不对我们公开的，例如，电视机内部电路板上电子元器件自带的行为功能，内部电子元器件的型号等属性数据。类似的，在程序开发过程中封装单元的时候，我们怎么控制数据和函数的可访问性呢？答案是通过访问修饰符来设置数据和函数的可访问性。表 5-1 列出了 C#语言中的各种访问修饰符。

表 5-1

访问修饰符	说　明
public	公开的，无限制条件，任何代码都可以访问
internal	可被同一个程序集的所有代码访问
protected	可被自己或者子类的代码访问
private	私有的，只有自己的代码才能访问

这里将学习两个访问修饰符，并且这两个访问修饰符比较特殊。一个访问权限最高，任何代码都可以访问——public；一个访问权限最低，只有本对象的代码才能访问——private。下面的示例演示了 public 关键字的语法和含义。

```
using System;

namespace Demo
{
    //定义 Student 类
    class Student
    {
        //三个公开的成员变量，其他类里面的代码可以访问和修改对象的这三个成员
        public string id;
        public string name;
        public int age;
    }
    //Program 是主类，虽然和 Student 类在一个文件中，但是是不同的两个类，两块单独的代码
    class Program
    {
        static void Main(string[] args)
        {
            Student stu = new Student();//实例化一个 Student 类对象
            //下面代码在对 stu 对象的两个成员变量赋值，也就是修改了里面的值
            //但是，这两行代码是在Program类中写的，在Program类中修改了Student类对象的值
            stu.name = "王明";
            stu.age = 20;
        }
    }
}
```

在上面示例中有两个类：Student 类和 Program 类。Student 类有三个成员变量，public 关键字修饰三个成员变量是公开的，也就是其他类里面的代码可以访问和修改 Student 类对象的这三个成员。在 Program 类的 Main()方法中实例化了一个 Student 类对象 stu，并且修改了 stu 的两个成员变量(因为定义 Student 类的时候，成员变量定义成了 public)。也就是说，

73

在 Program 类里面写代码，修改了 Student 类对象 stu 的成员变量数据。

现在总结一下，访问修饰符的作用是修饰类的成员变量，对类成员变量的可访问性进行限制。其他类里的代码有没有权限去修改这个类的某个对象的成员变量，就看定义类的时候，成员变量前面的访问修饰符。下面再看一个例子，实例化两个对象，两个对象的成员变量都可以被修改，因为定义类的成员变量时，使用的是 public 关键字。

```csharp
using System;
namespace Demo
{
    //定义 Student 类，三个 public 成员变量
    class Student
    {
        //三个公开的成员变量，其他类里面的代码可以访问和修改
        public string id;
        public string name;
        public int age;
    }


    //Program 类是主类，因为包含主方法
    class Program
    {
        static void Main(string[] args)
        {
            Student stu = new Student();   //实例化第一个对象
            //下面代码在对 stu 对象的成员变量赋值，修改了数据
            stu.id = "1001";
            stu.name = "王明";
            stu.age = 20;

            //实例化第二个对象，同样给对象的成员变量赋值，修改了成员变量的数据
            Student stu2 = new Student();
            stu2.id = "1002";
            stu2.name = "张三";
            stu2.age = 18;
        }
    }
}
```

上面示例与前面的示例有一点不同，实例化了两个对象，在主类 Program 的 Main()方法中，修改了这两个对象的三个成员变量的数据。类的成员变量定义成 public，那么它的对象的数据可以被其他类修改，并且这个类的所有对象都是这样，它们的成员变量都可以被随意修改。上面示例两个对象的成员变量都被修改了。

在已经讲过的示例中，Student 类不管实例化多少个对象，这些对象的成员变量都是随时可以修改的。因为 Student 类定义成公开，所有对象的成员变量都是公开的了，其他类里的代码可以随意修改。这就好像你钱包里面的钱随时都会被别人拿走一样，是不是觉得

这样不安全，例如，Student 类有一个成员变量是 score——用来保存考试成绩，你肯定不希望其他类里的代码能修改它(如果 95 分被修改成 59 分，你会很痛苦)。下面示例就演示了这一点：

```
using System;
namespace Demo
{
    class Student
    {
        //四个公开的成员变量，其他类里面的代码可以访问和修改
        public string id;
        public string name;
        public int age;
        public int score;
    }
    class Program
    {
        static void Main(string[] args)
        {
            Student stu = new Student();
            stu.id = "1001";
            stu.name = "王明";
            stu.age = 20;
            stu.score = 59;//在 Program 类中，可以把你的分数改成 59 分，不受约束
        }
    }
}
```

解决这个问题，需要用 private 访问修饰符来修饰类的成员变量。private 单词是私有的意思，私有成员变量非常安全，其他类根本访问不了私有成员变量。如果用对象名加上点，则私有成员变量不会显示出来，你根本访问不了，图 5-1 所示示例说明了这一点。

图 5-1 演示了 private 的语法和作用，Student 类有三个 public 成员变量，有一个 private 成员变量，你可以看到在 Program 类的 Main()方法里，stu 对象的三个 public 成员变量都可以访问到并且赋值了，但是 private 成员变量你访问不了(打开后的列表里没有)，访问不了当然就修改不了。这就是 private 的作用，其他类中的代码不能访问本类的私有成员。那么刚开始我们说，只有自己的代码才能访问自己私有的成员变量，是什么意思呢？意思是，本类的私有成员只有本类里面的代码才能访问，下面示例说明了这个语法。

```
using System;

namespace Demo
{
    //定义 Student 类
    class Student
    {
```

```
        public string id;
        public string name;
        public int age;

        //私有变量，其他类不能访问修改，只有本类代码可以访问修改
        private int score;
        public void ModifyScore()
        {
            //访问本类的私有变量，赋值修改
            this.score = 90;
            Console.WriteLine("{0}的分数是{1}",this.name,this.score);
        }
    }

    class Program
    {
        static void Main(string[] args)
        {
            Student stu = new Student();
            stu.id = "1001";
            stu.name = "王明";
            stu.age = 20;
            //调用对象的方法，可以执行方法里面的代码，修改本对象的私有变量
            stu.ModifyScore();
            Console.ReadKey();
        }
    }
}
```

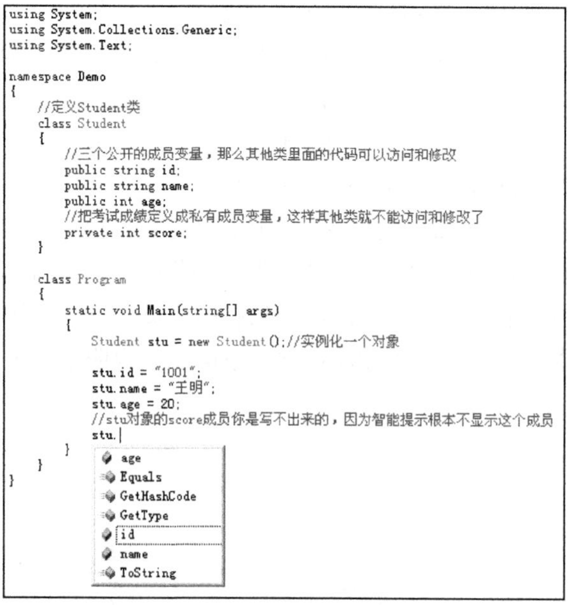

图 5-1

上面这个示例比较复杂，我们来整理一下思路。首先看 Student 类的定义，有三个 public 成员变量，一个 private 成员变量 score，一个 ModifyScore()方法，方法里面修改了私有成员 score(赋值为 90)，因为这个方法定义在 Student 类中，所以可以修改。在 Program 类的 Main()方法中，修改 public 成员变量和前面一样，关键是后面调用对象 stu 的 ModifyScore()方法，调用了该方法后，会执行该方法里的代码，现在该方法属于 stu 对象，所以当然可以修改 stu 的私有成员了，执行结果如图 5-2 所示。

图 5-2

通过以上示例应该可以了解到，私有成员变量只有本类的方法才能修改。实例化对象以后，就是本对象的方法修改本对象的私有成员了。访问修饰符放到成员变量前面的语法已经讲解完了，细心的同学会发现，成员方法前面也有访问修饰符，那么情况又会怎么样呢？总的来说，大同小异，public 修饰的方法可以在其他类中调用，如果是 private 修饰的方法，在其他类中是调用不了的。把上面的示例做一点小改变，把 ModifyScore()方法变成私有方法。那么在 Program 类中，是调用不了 stu 对象的 ModifyScore()方法的。因为类定义该方法是私有，所有对象的该方法都是私有了。如图 5-3 所示，在 stu 对象后的列表里没有私有方法。

```
namespace Demo
{
    //定义Student类
    class Student
    {
        public string id;
        public string name;
        public int age;

        private int score;

        //私有方法，在本类的代码里面可以调用，其他类调用不了
        private void ModifyScore()
        {
            this.score = 90;
            Console.WriteLine("{0}的分数是{1}", this.name, this.score);
        }
    }

    class Program
    {
        static void Main(string[] args)
        {
            Student stu = new Student();

            stu.id = "1001";
            stu.name = "王明";
            stu.age = 20;

            //在主类里，调用stu对象的私有方法行不通的
            stu.
        }
    }
}
```

图 5-3

5.2 值类型和引用类型

5.2.1 数据类型的分类：值类型和引用类型

刚看到本节的标题，可能会感到奇怪，怎么又讲到了数据类型，而且还分类成了值类型和引用类型，而不是前面学的 int、float 等。我们在前面已经学过了一些基本的数据类型和枚举类型，其实，在 C#中数据类型归根结底只有两种：值类型和引用类型。前面学的 int、float 等都是值类型数据，string、自定义类都是引用类型。那么值类型数据和引用类型数据有什么区别呢？

从原理上解释，内存分为堆栈和堆两部分，值类型的数据存储在堆栈中，而引用类型的数据存储在堆中。从概念上解释，其区别是值类型数据直接存放其值，值类型表示实际数据，而引用类型数据存放的是数据在内存里的地址，读取到的是数据存放的地址。那么两种数据类型在程序中有什么区别呢？先来看一个例子：

```csharp
using System;

namespace ValueType
{
    class Program
    {
        /// <summary>
        ///  值类型数据赋值和修改
        /// </summary>
        /// <param name="args"></param>
        static void Main(string[] args)
        {
            //整型变量是值类型数据
            int a = 1;
            int b = a;//变量 a 的值赋值给变量 b，读取其数据复制给 b

            b = 8;//修改变量 b 的值为 8，变量 a 的值不变
            Console.WriteLine("现在 a 的值是{0}，b 的值是{1}",a,b);
            Console.ReadKey();
        }
    }
}
```

首先看上面示例，前面说过，int 变量属于值类型数据，这种类型数据直接存储其值，也直接读取值。在示例中的代码，把变量 a 的值赋值给了变量 b，直接读取变量 a 里面的数据，然后复制(赋值)给变量 b。接着的代码修改了变量 b 的值(赋值为 8)，但是不会影响变量 a，a 的值还是以前的 1，程序执行结果如图 5-4 所示。

图 5-4

前面看了值类型数据之间互相赋值，现在来看看引用类型数据之间互相赋值，刚刚学过的类就是引用类型数据。看下面的示例：

```
using System;

namespace ReferenceType
{
    class Student
    {
        public int age;
    }
    class Program
    {
        static void Main(string[] args)
        {
            //实例化对象 stuA 并且给成员变量赋值，类对象是引用类型数据
            Student stuA = new Student();
            stuA.age = 1;
            Student stuB = stuA;//定义对象 stuB，把对象 stuA 赋值给它，实际上是把 stuA
                                 的内存地址赋值给 stuB
            stuB.age = 8;//修改 stuB 的数据，实际上修改了 stuA 的数据，因为修改的是同
                          一个内存地址里的数据

            //输出修改后 stuA 的值和 stuB 的值
            Console.WriteLine("现在 stuA 的 age 值是{0}，stuB 的 age 值是{1}", stuA.age,stuB.age);
            Console.ReadKey();
        }
    }
}
```

上面的示例演示了类对象之间的赋值，代码看起来和值类型数据的赋值差别不大，但是原理大不一样。对象 stuA 成员变量 age 的值是 1，随后对象之间赋值，stuA 赋值给 stuB，但是与值类型不同，值类型赋值的是数据，对象却是赋值内存地址。这样对象 stuB 和对象 stuA 共用一块内存空间。修改了 stuB 的成员变量，也就是修改了 stuA 的成员变量，程序执行结果如图 5-5 所示。

图 5-5

通过上面两个示例对比，知道了值类型数据和引用类型数据在内存分配上的区别，从而影响到赋值语句的差异。值类型数据和引用类型数据这种差异，也经常体现在作为方法的参数时。下面两个例子揭示值类型数据和引用类型数据作为方法的参数时之间的差异：

```csharp
using System;

namespace ValueType
{
    class Program
    {
        static void Main(string[] args)
        {
            int age = 18;
            changeAge(age);
            Console.WriteLine("现在变量 age 的值： " + age.ToString());
            Console.ReadKey();
        }
        public static void changeAge(int Age)
        {
            Age = 28;
        }
    }
}
```

上面示例是值类型作为参数传递时的语法，修改了 changeAge(int Age)方法的形参 Age，根本改变不了 Main()方法中变量 age 的值，输出结果还是 18。

下面示例是引用类型——类对象作为方法的参数：

```csharp
using System;

namespace ReferenceType
{
    class Student
    {
        public int age;
        public Student(int age)
        {
```

```
                this.age = age;
            }
        }
    class Program
    {
        static void Main(string[] args)
        {
            Student stu = new Student(18);
            changeAge(stu);
            Console.WriteLine(stu.age);
            Console.Readkey();
        }

        public static void changeAge(Student s)
        {
            s.age = 28;
        }
    }
}
```

该示例演示了对象作为方法的参数传递时的语法，很明显，引用类型传递的是数据存储的地址，所以修改形参的成员变量也就是修改了实参的成员变量。该示例执行结果是输出 28。

5.2.2 值类型和引用类型的转换：装箱和拆箱

通过前面的学习，我们知道了 C#语言把数据类型分成了值类型和引用类型。两种数据类型是可以转换的，这就是装箱和拆箱。装箱就是将值类型转换为引用类型，允许将值类型(如整数)作为引用类型(如对象)进行处理的过程。例如，在需要引用类型的情况下，提供的是值类型，系统就会进行隐式(自动)装箱。如下面的示例代码：

```
int val = 100;
string str = val;     //系统自动装箱
Console.WriteLine("对象的值={0}",str);
```

上面示例中 str 是引用类型变量。在第二行代码系统自动进行了装箱操作，把值类型 val 变量里的数据复制到了引用类型 str 指向的对象里面，变成了引用类型数据。

相反的操作，把引用类型数据转换成值类型数据，就是拆箱操作。再看下面示例代码：

```
int val = 100;
string str = val;//隐式的装箱
int num = (int)str;//显式的拆箱
Console.WriteLine("num 的值={0}", num);
```

在上面示例代码中，第二行代码是隐式装箱，把值类型 val 转换成引用类型 str。接着第三行代码就是拆箱，把转换后的 str 再转换成值类型 num。这里需要说明的是，经过装箱的引用类型，才能进行拆箱。

5.3 类的静态成员

5.3.1 静态方法和 static 关键字

在单元四中学习类和对象的应用时，讲过成员变量和成员方法，知道了成员变量用来存储数据，成员方法用来完成功能。细心的同学可能会发现，在本书的示例中碰到过两种方法：一种就是成员方法，通过实例化对象，然后通过"对象名.方法名()"调用；另一种就是大家曾经见过，但是没有讲解过的方法，如 Console.ReadKey()方法。这种方法定义的时候前面都有一个 static 关键字，如下面的代码：

```
using System;

namespace ReferenceType
{
    class Student
    {
        public int age;
        public Student(int AGE)
        {
            this.age = AGE;
        }
    }
    class Program
    {

        static void Main(string[] args)
        {
            Student stu = new Student(18);
            changeAge(stu);
            Console.WriteLine(stu.age);
            Console.ReadKey();
        }
        //这里就用到了 static 关键字
        public static void changeAge(Student s)
        {
            s.age = 28;
        }
    }
}
```

　　以前学的成员方法叫实例方法，也就是说，必须实例化一个对象，然后通过对象才能调用该方法，语法是"对象名.方法名()"。

　　而静态方法是属于整个类的，不针对某个对象，所以静态方法是通过类来调用的。其语法如下：

```
类名.方法名(参数列表)
```

　　现在写两个例子来体现实例方法和静态方法的区别，先看看实例方法：

```
using System;

namespace Demo
{
    class Student
    {
        public void SayHello()
        {
            Console.WriteLine("实例方法，因为没有 static 关键字！");
        }
    }
    class Program
    {
        static void Main(string[] args)
        {
            //想调用实例方法，必须实例化一个对象，然后才能调用
            Student stu = new Student();
            stu.SayHello();
            Console.ReadKey();
        }
    }
}
```

　　上面例子就是实例方法调用的语法，Student类有一个实例方法(public修饰)，在Program类的Main()方法中调用该方法，就必须实例化一个Student类的对象stu，然后才能调用该方法执行里面的代码。如果没有实例化对象，是调用不了该方法的，执行结果如图5-6所示。

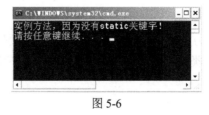

图 5-6

　　静态方法的定义需要在方法前面加上 static 关键字，示例代码如下：

```
using System;

namespace Demo
```

```
        {
            class Student
            {
                //静态方法，访问修饰符后面有 static 关键字
                public static void SayHello()
                {
                    Console.WriteLine("静态方法，因为有 static 关键字！");
                    Console.ReadKey();
                }
            }
            class Program
            {
                static void Main(string[] args)
                {
                    //想调用静态方法，不用实例化对象，直接通过类名调用
                    Student.SayHello();
                }
            }
        }
```

该示例演示了静态方法的定义以及调用的语法，定义时需要在访问修饰符后面添加 static 关键字，调用时不需要(不能)实例化对象，直接通过"类名.方法名()"调用，示例代码执行结果如图 5-7 所示。

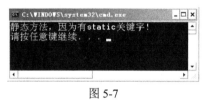

图 5-7

现在来总结一下 static 关键字的作用。用 static 修饰的方法，就是静态方法。静态方法属于整个类共有的，不属于单个的哪个对象——体现在通过类名调用。

类一般由成员变量和成员方法组成，静态方法如此，那么静态成员变量呢？

5.3.2 静态成员变量

静态成员变量和静态成员方法在很多方面非常相似，如都要使用 static 关键字，都必须用类名加"."来访问，都是属于类共有的而不是属于某个对象。下面的代码说明了这一点：

```
using System;

namespace Demo
{
    class Student
    {
        //静态成员变量
```

```
            public static int age;
    }
    class Program
    {
        static void Main(string[] args)
        {
            //Student 类的成员变量 age 是静态的, 只能用类名访问
            Student.age = 18;
            Console.WriteLine(Student.age.ToString());
            Console.ReadKey();
        }
    }
}
```

上面的示例演示了静态成员变量的定义和语法。大家也许会问,什么时候把类的成员定义成实例的成员,什么时候定义成静态的成员呢?比如说学生类的姓名、学号等数据就要定义成实例成员,因为每个人(对象)的姓名和学号都是自己的,都不一样。如果学生类里有个成员变量存储每个学生退团的年龄,就应该定义成静态的,因为国家规定共青团员28 岁自动退团,一般来说每个人(对象)的退团年龄都是 28,所以是整个类所具有的特点,就定义成静态的。

还有一点需要说明,静态方法只能访问到静态成员变量,实例变量是访问不了的,也不能使用 this 关键字,因为 this 关键字表示正在操作的当前对象,静态的成员不能通过对象访问。

5.4 ref 关键字和 out 关键字

5.4.1 ref 关键字

在前面学习的过程中,基本上是把类的定义都写在一个类文件里面,也就是 Program.cs这个文件中。但是在真正的软件开发过程中,一般为每一个类创建一个单独的类文件,也就是说,一个文件里面就定义一个类,后面的示例代码都按照这样的方式去编写。

前面学习了 C#语言的数据类型分为值类型和引用类型,其中它们最典型的差别就是在作为方法的参数方面。值类型数据作为参数,修改形参时不会影响到实参;而引用类型数据作为参数,修改形参可以影响到实参。但是某些情况下,传递的是值类型数据,却要求把修改的结果带回来,像引用类型作为参数那样的效果,怎么办? 在 C#语言中,ref 关键字就可以达到这样的效果。ref 关键字使实参按引用类型传递,其效果是,当控制权传递回调用方法时,在方法中对形参的任何更改都将反映在该实参中。下面来看一个例子:

```
using System;
```

```
namespace Demo
{
    class Program
    {
        static void Main(string[] args)
        {
            int val = 0;
            Method(ref val);
            //执行完上面的方法，变量 val 的值是 44
            Console.WriteLine("val 值是： " + val.ToString());
            Console.ReadKey();
        }
        static void Method(ref int i)
        {
            i = 44;
        }
    }
}
```

上面示例演示的是 ref 关键字的语法，程序执行结果如图 5-8 所示。

图 5-8

ref 关键字使整型变量 val 按照引用类型方式传递给 Method()方法，在 Method()方法中把参数 i 修改成了 44，因为是引用传递，所以这时变量 val 的值就变成了 44。同时要注意的是，若要使用 ref 参数，则方法定义和调用方法都必须显式使用 ref 关键字。

5.4.2　out 关键字

out 关键字和 ref 关键字非常相似，都会导致参数按照引用方式传递。下面的示例演示 out 关键字的用法：

```
using System;
namespace Demo
{
    class Program
    {
        static void Main(string[] args)
        {
            int val;
            Method(out val);
```

```
                    //执行完方法，变量 val 的值是 44
                    Console.WriteLine("val 的值是：" + val.ToString());
                    Console.ReadKey();
                }
            static void Method(out int i)
                {
                    i = 44;
                }
            }
        }
```

执行结果如图 5-9 所示。

图 5-9

　　需要说明的是，若要使用 out 参数，方法定义和调用方法都必须显式使用 out 关键字。大家肯定会觉得它和 ref 关键字一模一样，都是把实参按照引用类型方式传递，都需要在方法定义和调用方法时使用关键字。但是它们有一个非常重要的区别，仔细对比 ref 的示例和 out 的示例就会发现，ref 的示例中变量 val 在调用方法前赋值了，而 out 示例中变量 val 在之前没有赋值。这就是它们语法上的区别，传递到 ref 的参数必须最先初始化。而 out 则不同，out 的参数在传递之前不需要初始化。

　　还有一点需要说明，尽管作为 out 参数传递的变量不必在传递之前进行初始化，但需要调用方法在方法返回之前赋值。也就是说，上面示例中的 Method()方法必须在执行完以前对变量 i 进行赋值。

　　两个关键字语法相似，这里对 ref 和 out 进行一个总结，ref 关键字重在修改参数的数据，而 out 关键字重在带回执行结果。

5.5　成员方法的重载

　　本单元有很多以前碰到过，但是没有详细说明的语法，如静态方法和重载。还记得在单元四中讲解构造方法时，写过一个例子，一个类里面有两个版本的构造方法，一个是带参数构造方法，一个是无参数构造方法。下面就是这段代码：

```
class Student
{
    public string id;//学生编号
    public string name;//学生的名字
    public int age;//学生的年龄
    public string classid;//学生所在班级编号
```

```
            public string hobby;//兴趣爱好
             //无参构造方法
            public Student()
            {
            }
            //带参数构造方法，参数写在圆括号里，在代码里面给对象的每个成员变量赋值
            public Student(string Id, string Name, int Age, string Classid, string Hobby)
            {
                this.id = Id;
                this.name = Name;
                this.age = Age;
                this.classid = Classid;
                this.hobby = Hobby;
            }
            public void Study()
            {
                Console.WriteLine("我是{0}，我要好好学习，天天向上！", name);
                Console.ReadKey();
            }
        }
```

上面示例是在单元四中写的，两个版本的构造方法，可以有两种方式去实例化对象，其实，这个现象(语法)就是重载，那么什么是重载呢？

重载就是一个类里面有多个同名的方法，访问修饰符相同，返回值相同，方法名相同。但是怎么区分这些方法呢？方法名都相同了，怎么知道调用哪个版本的方法？善于思考的同学就会发现，方法的参数列表不同。对了，重载的方法，根据参数的个数，或者参数的类型不同来区分。在上面示例中，构造方法一个无参数，一个有参数，所以很容易就能知道调用的是哪个版本的方法。

构造方法可以重载，其他方法能不能重载呢？当然可以。下面示例就演示了方法重载的语法。

在项目中添加一个类文件，文件名是 Math.cs。在 Math.cs 类文件中添加如下代码：

```
using System;

namespace Demo
{
    class Math
    {
        //第一个 Add()方法是求两个整数的和，并输出结果
        public static void Add(int a, int b)
        {
            Console.WriteLine(a + b);
        }
        //第二个 Add()方法是求三个整数的和，并输出结果
        public static void Add(int a, int b, int c)
```

```
        {
            Console.WriteLine(a + b + c);
        }
    }
}
```

上面代码定义的 Math 类重载了 Add()方法。一个需要两个整型参数，一个需要三个整型参数。在 Program.cs 主类文件中添加如下代码：

```
using System;

namespace Demo
{
    class Program
    {
        static void Main(string[] args)
        {
            //调用 Math 类的 Add()方法，传递两个整数
            Math.Add(1, 8);
            //调用 Math 类的 Add()方法，调用三个整数的版本
            Math.Add(1, 9, 5);
            Console.ReadKey();
        }
    }
}
```

在主方法中，第一行代码调用了 Add()方法两个参数的版本，第二行代码调用了 Add()方法三个参数的版本，达到了重载的目的，程序执行结果如图 5-10 所示。

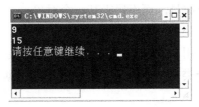

图 5-10

上面的示例演示了通过参数个数的不同来实现重载，其实还可以通过参数类型的不同来实现重载。例如上面的 Math 类的 Add()方法，这样编写也是重载：

```
namespace Demo
{
    class Math
    {
        //第一个 Add()方法是求两个整数的和，并输出结果
        public static void Add(int a, int b)
        {
            Console.WriteLine(a + b);
```

```
        }
        //第二个 Add()方法是求两个浮点数的和，并输出结果
        public static void Add(float a,float b)
        {
            Console.WriteLine(a + b);
        }
    }
}
```

这里需要注意，仅仅方法返回值的不同不能叫重载，编译报错。另外，尽管 ref 和 out 关键字在运行时的处理方式不同，但在编译时的处理方式却相同。因此，如果一个方法采用 ref 参数，而另一个方法采用 out 参数，则无法重载这两个方法。下面代码演示说明了这一点：

```
class Demo
{
    //编译报错，不能重载下列方法
    public void SampleMethod(ref int i) { }
    public void SampleMethod(out int i) { }
}
```

【单元小结】

- public 修饰的成员可以被外部读写，private 修饰的成员只能在类内部被读写。
- 值类型数据存在堆栈上，引用类型数据存在堆中。
- 静态成员是属于类的成员，而不属于某一个对象。
- ref 和 out 关键字使值类型数据按引用类型方式传递。
- ref 和 out 关键字在调用和定义时都需要显式使用关键字。
- 方法的重载，是一个类内部有多个同名的方法，根据方法参数的类型或者个数进行区分。

【单元自测】

1. 被以下哪个访问修饰符修饰的成员变量只能在类内部访问？（   ）
   A. public   B. private   C. protected   D. internal
2. 下面关于值类型和引用类型的说法，正确的是(   )。
   A. 值类型数据存在堆上   B. 引用类型数据存在堆栈上
   C. string 类型数据属于引用类型   D. 引用类型数据不能转换成值类型数据
3. 定义静态方法需要使用(   )关键字。
   A. public   B. private   C. static   D. enum
4. 下面哪种参数传递方式中的参数在方法内的修改是不能影响到调用方法的？（   ）

  A. 值传递方式传递一个枚举   B. ref 方式传递一个类的对象

  C. ref 方式传递一个枚举   D. out 方式传递一个 int 变量

5. 关于 ref 关键字，说法正确的是( )。

  A. ref 关键字在方法定义时不用显式使用

  B. 传递给 ref 的参数必须在调用方法前初始化

  C. ref 关键字不能使参数的修改结果返回给调用方法

  D. 以上说法全部错误

6. 关于方法重载，下列说法正确的是( )。

  A. 如果多个类中有多个同名的方法，而参数类型或者参数个数不同，就是重载

  B. 一个类中有多个同名的方法，而参数个数或者参数类型不同，就是重载

  C. 一个类中有多个同名的方法，但是返回值类型不同，就是重载

  D. 以上说法全部错误

【上机实战】

上机目标

- 掌握访问修饰符的使用。
- 掌握值类型和引用类型数据作为参数的差异。
- 掌握装箱和拆箱操作。
- 掌握静态方法的定义和调用。
- 理解方法重载和定义。
- 掌握 ref 关键字和 out 关键字的使用。

上机练习

◆ 第一阶段 ◆

练习 1：定义类，练习使用访问修饰符

【问题描述】

  定义一个学生类，保存学生的姓名、学号和考试成绩，其中考试成绩是私有成员，编写公开的方法，实现成绩的读取功能。

【问题分析】

- 定义 Student 类，三个成员变量，姓名和学号定义为公开，成绩定义为私有。
- 在主方法中实例化对象，调用构造方法初始化对象的成员。
- 根据成绩输出 A、B、C、D 的评分。

【参考步骤】

(1) 新建一个控制台应用程序项目，然后右击解决方案资源管理器里的项目名，从弹出的快捷菜单中选择"添加"|"类"命令，进入"添加新项"对话框，然后在对话框里给添加的类文件填写文件名，这里填写 Student.cs，其中 Student 就是类的类名，如图 5-11 所示。

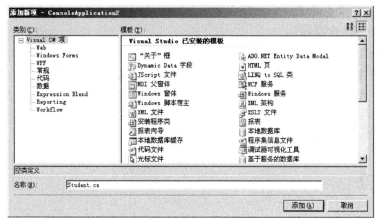

图 5-11

(2) 经过上面步骤，项目会有两个类文件，一个主类 Program 类，一个 Student 类，在 Student 类中添加下面的示例代码。

```
class Student
{
    public string name;
    public string id;
    private int score;
    public Student(string Name, string Id, int Score)
    {
        this.name = Name;
        this.id = Id;
        this.score = Score;
    }
    public int getScore()
    {
        return this.score;
    }
}
```

(3) 在主方法中填写如下代码。

```
class Program
{
    static void Main(string[] args)
    {
        Student stu = new Student("张三","a001",98);
```

```
            if (stu.getScore() >= 90)
            {
                Console.WriteLine("{0}的成绩是 A",stu.name);
            }
            else if (stu.getScore() >= 80)
            {
                Console.WriteLine("{0}的成绩是 B", stu.name);
            }
            else if (stu.getScore() >= 60)
            {
                Console.WriteLine("{0}的成绩是 C", stu.name);
            }
            else
            {
                Console.WriteLine("{0}的成绩是 D", stu.name);
            }
            Console.ReadKey();
        }
    }
```

(4) 编译执行后，结果显示如图 5-12 所示。

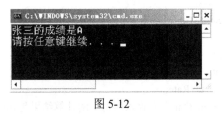

图 5-12

练习 2：建立一个根据不同情况计算个人所得税的 C#程序

【问题描述】

假定每个税种的计算需要不同的计算方法，编写一个程序，根据个人财产、销售额和收入来计算所得税。为以下情形计算所得税：

(1) 如果某个人拥有住房但没有自己的公司，则以房产价值计算所得税。

(2) 如果某个人没有住房但拥有一家公司，则以其总销售额计算所得税。

(3) 如果某个人同时拥有住房和一家公司，则以房产价值和总销售额计算所得税。

不论是否拥有住房和公司，都会计算个人收入所得税。

【问题分析】

从给出的问题来看，很明显只有一种基本运算，即使用多种不同的方式计算所得税。如果某人拥有住房或一家公司，则

$$所得税=总金额*(费率/100)$$

如果某人同时拥有住房和公司，则所得税的计算公式与上面的类似，但是要分别计算各项金额和费率。因此，这种情况下所得税的计算公式如下：

$$所得税=(金额\ 1*(费率\ 1/100))+(金额\ 2*(费率\ 2/100))$$

最后，通过将个人收入乘以 0.15 计算出个人收入所得税，公式如下：

$$所得税=0.15*总金额$$

虽然计算所得税的方法有以上三种，但是更合理的做法就是只使用一种方法，然后以不同的参数重载该方法，根据参数的不同来调用相应的方法计算所得税。

【参考步骤】

(1) 启动 Visual Studio 2008。

(2) 创建一个基于控制台的项目。

(3) 将以下代码添加到文件中。

```csharp
using System;
using System.Text;

namespace Example2
{
    class Taxes
    {
        //该方法带有一个参数——个人总收入
        public double ComputeTax(double amt)
        {
            double taxRate = 0.15;
            double taxAmt = 0;
            taxAmt = amt * taxRate;
            Console.WriteLine("\n 个人收入所得税的计算结果是 {0}", taxAmt);
            return taxAmt;
        }
        //此方法仅带有金额和费率两个参数
        //适用于某人拥有住房或公司的情况
        public double ComputeTax(double amt1, double rate1, string str)
        {
            double taxAmt;
            taxAmt = amt1 * (rate1 / 100);
            //如果此人拥有住房，则显示相应信息
            if (str == "home")
            {
                Console.Write("\n 根据住房费率和房产价值算出的所得税是");
            }
            else if (str == "business")//如果此人拥有一家公司
            {
                Console.Write("\n 根据税率和销售额计算的所得税是");
            }
            //显示每种情况的所得税金额的计算结果
            Console.WriteLine(taxAmt);
            return taxAmt;
```

```
        }

        //该方法带有的参数为两项金额和两个费率
        //适用于某人同时拥有住房和公司的情况
        public double ComputeTax(double amt1, double rate1, double amt2, double rate2)
        {
            double taxAmt;
            taxAmt=(amt1 * rate1/100)+(amt2 * rate2/100);
            Console.WriteLine("\n 根据房产价值、住房费率、" + "总销售额和总费率算出的所得
                税是{0}", taxAmt);
            return taxAmt;
        }
        static void Main(string[] args)
        {
            Taxes objTaxes = new Taxes();
            bool ownsHome = false;
            bool ownsBusiness = false;
            string choice;
            double homeTaxRate = 0, homeValue = 0;
            double grossSalesRate = 0;
            double grossSales = 0;
            double personalIncome = 0;
            double totalTax = 0;
            double taxRate = 0;
            Console.WriteLine("是否拥有住房？(y/n)");
            choice=Console.ReadLine();
            if(choice=="y")
            {
                ownsHome = true;
                Console.WriteLine("它的价值是多少？ ");
                choice = Console.ReadLine();
                homeValue = Convert.ToDouble(choice);
                Console.WriteLine("住房税率是多少？ ");
                choice = Console.ReadLine();
                homeTaxRate = Convert.ToDouble(choice);
            }
            Console.WriteLine("是否拥有一家公司?(y/n)");
            choice = Console.ReadLine();
            if (choice == "y")
            {
                ownsBusiness = true;
                Console.WriteLine("总销售额是多少？ ");
                choice = Console.ReadLine();
                grossSales = Convert.ToDouble(choice);
                Console.WriteLine("总销售税率是多少？ ");
                choice = Console.ReadLine();
                grossSalesRate = Convert.ToDouble(choice);
```

```
        }
        if (ownsHome && !ownsBusiness)
        {
            totalTax = objTaxes.ComputeTax(homeValue, homeTaxRate, "home");
        }
        else
            if (!ownsHome && ownsBusiness)
            {
                totalTax = objTaxes.ComputeTax(grossSales, grossSalesRate, "business");
            }
            else
                if (ownsHome && ownsBusiness)
                {
                    totalTax = objTaxes.ComputeTax(homeValue, homeTaxRate,grossSales,
                        grossSalesRate);
                }
        Console.WriteLine("去年的总收入是多少? ");
        choice = Console.ReadLine();
        personalIncome = Convert.ToDouble(choice);
        totalTax = totalTax + objTaxes.ComputeTax(personalIncome);
        Console.WriteLine("总所得税是{0}", totalTax);
        taxRate = 0.15;
        Console.WriteLine("个人所得税率是{0}", taxRate);
        Console.ReadKey();
        }
    }
}
```

(4) 生成解决方案并执行，输出结果如图 5-13 所示。

图 5-13

◆ 第二阶段 ◆

练习 3：练习引用类型作为方法参数的使用

【问题描述】

编写一个类 Account，包含四个成员。balance 私有成员变量表示账户余额；构造方法

96

初始化余额；GetBalance()公开方法返回余额的值；AddBalance()公开方法为余额充值，该方法有一个参数，表示充值的数值。在主类 Program 中添加一个 CheckBalance()方法，接收 Account 类对象为参数，如果对象余额低于 5 块钱，调用对象的 AddBalance()方法为其充值。

【问题分析】

- 定义 Account 类，添加成员变量和成员方法。
- 在 Main()方法中实例化 Account 类，调用 CheckBalance()方法。
- 根据对象的余额进行相应的操作。

练习 4：计算员工工资

【问题描述】

编写一个程序，用于计算三个职员的工资。第一位职员默认的基本工资为 1000 元。第二位职员除具有基本工资外，还具有住房津贴。接收用户输入的基本工资和住房津贴。第三位职员可能是经理也可能不是，如果是，则有奖金收入，应接收输入的奖金值。奖金应加到基本工资内。

 提示

在 Employee 类中创建一个名为 ComputeSalary()的方法，为每个不同类别的职员重载该方法。

【拓展作业】

1. 编写一个控制台应用程序，检验装箱和拆箱两种操作哪种效率更高，步骤如下。
(1) 声明一个 int 类型数组，长度为 6 000 000。
(2) 声明一个 object 类型数组，长度为 6 000 000。
(3) 把 int 类型数组元素装箱后赋值到 object 类型数组中，使用循环语句。
(4) 把 object 类型数组拆箱后赋值到 int 类型数组中。
(5) 记录下装箱和拆箱分别使用的时间(用 DateTime.Now 记录时间)，计算时间差。
写出分析报告，看能得出什么样的结论。

2. 新建一个控制台应用程序，定义一个计算图形面积的类，该类中包含 CalculateArea()方法，用来计算图形面积，其中计算圆的面积需要输入半径(类型为 float)，计算长方形的面积需要输入长和宽(类型为 int)，计算正方形的面积需要输入边长(类型为 int)，在主类中根据客户输入的参数计算相应的面积，并输出结果。

单元 **六**

C#面向对象深入

 课程目标

▶ 理解结构体——类似于类的数据类型

▶ 理解并掌握属性

▶ 理解并掌握索引器

▶ 理解静态类

▶ 掌握使用类图查看类

 **简 介**

在前面几个单元学习了面向对象语言中非常重要的概念——类，了解到类和对象是面向对象语言的基础。在本单元中将学习面向对象更加广泛的内容和语法，如结构体，与类类似的一种数据类型；访问类私有成员的利器——属性以及索引器；最后要学到静态类和类图。

6.1 类似于类的数据类型——结构体

首先回顾一下前面学到的类。类中可以定义成员变量和成员方法，表示该类型对象所具有的特征和行为。并且类的对象是在内存的"堆"里开辟空间保存成员变量的数据，把类对象作为参数传递时，是把对象在内存中的地址传递给对方。类对象是属于引用类型的数据。

这里将要学习到一个新的语法——结构体，一个与类非常相似的数据类型。

C#中的结构体定义语法如下所示。

```
访问修饰符   struct   结构体名
{
    定义结构体成员;
}
```

看到上面的语法说明，也许大家会有一个疑问，那就是结构体里面可以定义什么样的成员呢？答案非常简单，结构体中可以定义成员变量，可以定义成员方法，它的组成与类非常相似。例如定义下面这样一个结构体：

```
struct Student
{
    public string id;
    public int age;
    public string name;
    public void SayHello()
    {
        Console.WriteLine("你好！ ");
    }
}
```

看到上面结构体的定义，有的同学会说，这与类的定义没有什么区别啊！当然还是有的，首先定义结构体使用的是 struct 关键字，而类是 class 关键字。其次也是最重要的，类是引用类型数据，而结构体是值类型的数据。也就是说，当把结构体作为参数传递给方法时，是把数据复制给形参。看下面这个例子：

```
struct Student
{
    public string id;
    public int age;
```

```
        public string name;
        public void SayHello()
        {
            Console.WriteLine("你好！");
        }
    }
class Program
{
        static void Main(string[] args)
        {
            Student stu;    //不需要 new 关键字创建对象
            stu.id = "1527";
            stu.name = "王明";
            stu.age = 24;

            Change(stu);
            Console.WriteLine(stu.name);
            Console.WriteLine(stu.age);
            Console.ReadKey();
        }
        public static void Change(Student s)
        {
            s.name = "张飞";
            s.age = 48;
        }
}
```

前面讲解值类型和引用类型差异的时候，用的是类似的示例，类对象传递的是地址，修改了形参 s，也就是修改了实参 stu。而现在传递的是结构体——值类型数据，修改形参 s，是改变不了实参 stu 的，上面示例编译执行后的结果如图 6-1 所示。

图 6-1

上面的示例还有一点需要说明，Student stu;示例中加粗的这行代码，没有使用 new 来实例化结构体对象。这是因为结构体对象是值类型数据，不是必须使用 new 关键字创建对象。

表 6-1 将结构体和类的不同点做了一个总结。

表 6-1

结　构　体	类
值类型	引用类型
不能有无参构造方法	可以有无参构造方法
创建对象可以不用 new 关键字	创建对象必须用 new 关键字
不能被继承	可以被继承

在表 6-1 里有的知识点还没有学到，如继承。在后面的单元里会学习继承这个知识点。结构体与类的区别在以后的开发中才能真正体会并理解。

6.2　访问私有成员的利器——属性

在前面的学习过程中，学习了两个访问修饰符：private 和 public。一般都是用 public 修饰符来定义成员变量和成员方法，因为要在类外访问它，但其实这破坏了类的封装性，因为任何类都可以访问 public 成员。C#引入了一个新的知识点——属性。

6.2.1　如何定义和使用属性

public 修饰符公开成员变量，所有类都可以访问它，private 私有成员变量，只有在本类内部的代码才能访问它。这就造成了一个问题，public 不安全，private 访问不方便(可以给类添加 public()方法，实现读写私有成员变量)。为了解决这个问题，C#语言提供了属性，通过属性读取和写入私有成员变量，以此对类中的私有成员变量进行保护。属性在实现这种保护的同时，允许用户像直接访问成员变量一样访问属性。定义属性的语法如下所示：

```
访问修饰符　数据类型　属性名
{
    get
    {
            返回私有成员变量;
    }
    set
    {
            设置私有成员变量;
    }
}
```

属性拥有两个类似于方法的块，一个块用于获取成员变量的值，另一个块用于设置成员变量的值，分别用 get 和 set 关键字来定义。同时，属性定义必须有数据类型，属性的数据类型与所保护的成员变量数据类型是一致的。下面的示例演示了定义属性的完整代码和语法：

```
class Person
{
    private int age;
    private string name;
    public int Age
    {
        get
        {
            return this.age;
```

```
        }
        set
        {
            this.age = value;
        }
    }
    public string Name
    {
        get
        {
            return this.name;
        }
        set
        {
            this.name = value;
        }
    }
    public Person(int Age, string Name)
    {
        this.age = Age;
        this.name = Name;
    }
}
```

在上面的示例中，为了对私有成员 age 和 name 进行读写，定义了两个属性：Age 和 Name。通过这两个属性，不仅可以读取 age 和 name 的值，还可以给它们赋值。下面的代码演示了在主类中如何使用这两个属性：

```
static void Main(string[] args)
{
    Person p = new Person(24, "张三");
    Console.WriteLine("我的名字是{0}，年龄是{1}", p.Name, p.Age);
    //对 Age 属性赋值，就是对私有成员 age 进行赋值
    p.Age = 18;
}
```

示例中加粗代码,输出语句通过两个属性的 get 块读取了私有成员的数据。然后通过 Age 属性的 set 块，将 18 赋值给了私有成员 age，set 块中的 value 为内置参数，表示赋值运算符"="右边的数值，程序编译执行后的结果如图 6-2 所示。

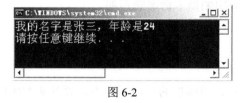

图 6-2

通过示例我们看到，访问属性和访问成员变量一样方便，但是属性的功能不仅仅如此，

还可以用属性控制对成员变量的访问权限。可以省略其中的一个块来创建只读或者只写属性，这样就只能对成员变量读取或者写入了。属性至少要包含一个块，才是有效的。例如上面的示例，如果想让用户只能读取成员变量 age 和 name 的值，省略掉 Age 和 Name 属性的 set 块就可以了。如下面的代码所示：

```
class Person
{
    private int age;
    private string name;
    public int Age
    {
        get
        {
            return this.age;
        }
    }
    public string Name
    {
        get
        {
            return this.name;
        }
    }
    public Person(int Age, string Name)
    {
        this.age = Age;
        this.name = Name;
    }
}
```

如上定义属性，类外的代码就只能读取不能赋值(写入)。根据属性读写的权限，可以分为如下三个类型。

- 可读可写属性。
- 只读属性(省略 set 块)。
- 只写属性(省略 get 块)。

一般来说，属性都会被定义成读写属性或者只读属性，不会定义成只写属性(没有成员变量会只让赋值，不让读取使用的)。

编码标准：属性名一般用帕斯卡命名法声明。

6.2.2 自动属性

在 C# 3.0 和更高版本中，当属性的访问器中不需要其他逻辑时，自动实现的属性可使属性声明更加简洁。客户端代码还可通过这些属性创建对象。如下面的示例所示声明属性时，编译器将创建一个私有的匿名支持字段，该字段只能通过属性的 get 和 set 访问器进行访问。

```
namespace AutoProperty
{
    class AutoPerson
    {
        public string Name    { get; set; }
        public int Age       { get;set;}
        public double Height    { get; set; }
    }
}
```

"自动属性"的语言特性提供了一个便利的方式使编码更加简洁，同时还保持属性的灵活性。自动属性允许用户避免手工声明一个私有成员变量以及编写 get/set 逻辑，取而代之的是，编译器会自动生成一个私有变量和默认的 get/set 操作。

6.3　索引器

索引器是一种特殊类型的属性，我们可以把它添加到一个类中，以提供类似于数组的访问。实际上，还可以通过索引器提供更复杂的访问，因为我们可以定义和使用复杂的参数类型和方括号语法，其中最常见的一个用法是对项执行简单的数字索引。

看一个例子，一家公司某个部门人数很多，假设部门经理需要一份员工记录，或许用于更新资料，或许只是了解一些信息。不定义传统的方法来设置职员记录和其他方法来获取职员记录，而是在类中提供一个索引器。索引器可以为职员的编号或姓名。特殊的是，与通常的传统访问方法相比，索引器使客户端代码更加简洁。

索引器提供一种特殊的方法,用于编写可使用方括号运算符调用的 get 和 set 访问方法,而不是用传统的方法调用语法。

语法如下：

```
[访问修饰符]   数据类型   this  [数据类型   标识符]
{
    get{ ... }
    set{ ... }
}
```

定义索引器与定义属性非常相似。定义索引器要遵循的步骤如下。

(1) 指定确定索引器可访问性的访问修饰符。

(2) 索引器的返回类型。

(3) this 关键字。

(4) 左方括号后面是索引器的数据类型和标识符，接着是右方括号。

(5) 左大括号表示索引器主体的开始，在此处定义 get 和 set 访问器，与定义属性一样，最后插入右大括号。

　　必须注意的是，仅有一个元素时没必要使用索引器进行检索，使用索引一般都是针对类的数组元素。

　　要访问一个类的数组元素，需要在对象名称之后说明数组名称，然后指定数组的索引值，最后赋值。但是通过为数组定义索引器，可以通过指定类对象的索引直接访问数组元素。索引器允许按照数组的方式检索对象的数组元素。正如属性可以使用户像访问字段一样访问对象的数据，索引器可以使用户像访问数组一样访问类成员。这就是索引的作用。

　　看下面的示例，了解在C#中如何定义和调用索引器。

```csharp
using System;
using System.Text;

namespace Test
{
    //Photo 表示照片
    class Photo
    {
        private string _title;
        public Photo(string title)
        {
            this._title = title;
        }
        public string Title    //只读属性
        {
            get
            {
                return this._title;
            }
        }
    }

    //此类表示相册，即照片的集合
    class Album
    {
        //用于存储照片的数组
        private Photo[] photos;
        public Album(int capacity)
        {
            this.photos = new Photo[capacity];
        }

        public Photo this[int index]
        {
            get
            {
                //验证索引范围
                if (index < 0 || index >= this.photos.Length)
```

```
                {
                    Console.WriteLine("索引无效");
                    return null;//表示失败
                }
                return photos[index];//返回请求的照片
            }
            set
            {
                //验证索引范围
                if (index < 0 || index >= this.photos.Length)
                {
                    Console.WriteLine("索引无效");
                    return ;//表示失败
                }
                this.photos[index] = value;//向数组加载新的照片
            }
        }


        public Photo this[string title]
        {
            get
            {
                //遍历数组中的所有照片
                foreach (Photo p in photos)
                {
                    if (p.Title == title)
                        return p;
                }
                Console.WriteLine("未找到");
                //使用 null 指示失败
                return null;
            }
        }
    }

class TestIndex
{
    static void Main(string[] args)
    {
        //创建容量为 3 的相册
        Album friends = new Album(3);

        //创建 3 张照片
        Photo first = new Photo("Jenn");
        Photo second = new Photo("Smith");
        Photo third = new Photo("Mark");
```

```
        //向相册加载照片
        friends[0] = first;
        friends[1] = second;
        friends[2] = third;

        //按索引进行检索
        Photo obj1 = friends[2];
        Console.WriteLine(obj1.Title);

        //按名称进行检索
        Photo obj2 = friends["Jenn"];
        Console.WriteLine(obj2.Title);
    }
  }
}
```

输出结果如图 6-3 所示。

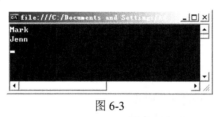

图 6-3

相册就是一组照片，因为相册可以视为一个集合，是使用索引器的合适候选对象，以便提供对其底层部分的访问。在该示例中，为相册包含的照片定义了两个不同的索引器：一个读/写索引器按整数索引访问照片，一个只读索引器按标题访问照片。

类 Photo 表示照片，它使用属性 Title 存储照片的标题，类 Album 存放数组 Photo 中的照片。构造函数接收相册的容量(照片的张数)，并用分配的容量实例化数组。在 Album 类中定义读/写索引器，允许访问底层的照片数组。索引器的返回类型为 Photo，参数为 int。对索引执行验证确保其在范围内。

类 Album 中定义只读索引器，允许按标题访问照片的底层数组。索引器的返回类型为 photo，参数为 string。这说明索引器可以重载。一个类可以有多个索引器，这可以通过指定不同的索引类型来实现。

因此，索引器具有属性的优点，同时像访问数组一样访问集合或类的数组。

6.4 静态类

在单元五中学习了静态方法，所谓静态方法，就是不需要实例化类对象直接用类名调用的方法。但是现在讲解的类和以前讲解的类不一样，静态类是只包含静态成员的类。

定义静态类的语法非常简单，在 class 关键字前面加上 static 关键字就可以了。语法如下面所示。

```
static class Person
{
    静态类成员定义
}
```

从中可以看到，静态类的定义语法不是太复杂，而且成员的定义也相对简单——全部都是静态成员：静态成员变量和静态成员方法。这里对静态类和非静态类做一个对比，表6-2列出了它们的区别。

表6-2

静　态　类	非　静　态　类
使用 static 关键字	不要 static 关键字
必须只有静态成员	可以包含静态成员
使用类名访问成员和方法	实例化对象才能访问非静态成员
不能被实例化	可以被实例化
不包含实例构造方法，只有静态构造方法	包含实例构造方法

6.5　使用类图查看类的构造

到本单元结束之前，我们已经学了很多类型的类成员。在开发软件的过程中，会编写大量的类，这些类的成员也会有很多类型(属性、索引器、成员变量、成员方法等)。开发一个软件往往是一个开发小组一起努力的结果，所以经常会向其他程序员说明类和类之间的关系以及类的构造，这时如果用代码说明是非常不直观的。在面向对象的编程中，会经常使用一种表示类的构造以及类与类之间关系的图表——类图。图6-4所示就是Person类的类图。

图6-4

从图6-4中可以看到，类的成员通过不同的图标表示出来，例如，私有成员会在图标的左下方有一把锁。方法后面的括号表示该方法有几个版本。如果想在 Visual Studio 中查看一个类的类图，可以在 Visual Studio 的资源管理器中右击要显示类图的类，在弹出的快捷菜单中选择"查看类关系图"命令，如图6-5所示。

图 6-5

　　打开一个类图，可以将其他类拖入类图显示出来，并且还可以显示两个类之间的关系。类之间的关系将在下一单元深入学习。

【单元小结】

- 结构体创建时不需要使用 new 关键字，而且结构体不能有无参构造方法。
- 熟练掌握属性的定义，理解 set 块和 get 块的作用。
- 理解索引器的定义和使用。
- 掌握静态类的定义，只能包含静态成员。
- 创建类图，查看类的构成和类之间的关系。

【单元自测】

1. (　　　)在属性的 set 块内实现，用于访问传递给该属性的内置参数。

　　A. this　　　　　　　B. value　　　　　　C. args　　　　　　D. property

2. 属性的(　　　)块用于将值赋给类的私有实例变量。

　　A. get　　　　　　　B. set　　　　　　　C. this　　　　　　D. value

3. 索引器是否可以重载? (　　　)

　　A. 可以　　　　　　B. 不可以

4. 建议不使用(　　　)属性。

　　A. 只写　　　　　　B. 只读　　　　　　C. 可读可写　　　　D. 以上都不是

5. C#中，下列关于索引器的说法，正确的是(　　　)。

　　A. 索引器没有返回类型

　　B. 索引器一般用来访问类中的数组元素或集合元素

　　C. 索引器的参数类型必须是 int 类型

　　D. 索引器的声明可以使用类名或 this 关键字

【上机实战】

上机目标

- 掌握属性的定义以及使用。
- 掌握索引器的使用。

上机练习

◆ 第一阶段 ◆

练习 1：练习属性的定义和使用

【问题描述】

用户从键盘输入银行利息和利率，然后计算出获得的总利息并输出。

【问题分析】

由于在现实生活中银行利息利率都是只读的，为了在代码中反映这一点，我们应该使用属性将利息利率等设置成只读属性。

【参考步骤】

(1) 启动 Visual Studio 2008。

(2) 创建一个新的项目 Example，模板选择控制台应用程序。

(3) 添加如下代码。

```csharp
using System;
using System.Text;

namespace Example
{
    class SavingsAccount
    {
        //用于存储账户号码、余额和已获利息的类字段
        private int accountNumber;
        private double balance;
        private double interestEarned;

        //利率是静态的，因为所有的账户都使用相同的利率
        private static double interestRate;
        //构造函数初始化类成员
        public SavingsAccount(int accountNumber,double balance)
        {
```

```
            this.accountNumber=accountNumber;
            this.balance=balance;
    }


    //AccountNumber 只读属性
    public int AccountNumber
    {
        get
        {
            return this.accountNumber;
        }
    }


    //Balance 只读属性
    public double Balance
    {
        get
        {
            if (this.balance < 0)
                Console.WriteLine("无余额");
            return this.balance;
        }
    }


    //InterestEarned 读/写属性
    public double InterestEarned
    {
        get
        {
            return this.interestEarned;
        }
        set
        {
            //验证数据
            if(value<0)
            {
                Console.WriteLine("利息不能为负数");
                return;
            }
            this.interestEarned = value;
        }
    }


    //InterestRate 读/写属性为静态
    //因为所有特定类型的账户都具有相同的利率
    public static double InterestRate
    {
```

```
                get
                {
                    return interestRate;
                }
                set
                {
                    //验证数据
                    if (value < 0)
                    {
                        Console.WriteLine("利率不能为负数");
                        return;
                    }
                    else
                    {
                        interestRate = value / 100;
                    }
                }
            }
        }
    class TestSavingsAccount
    {
        static void Main(string[] args)
        {
            //创建 SavingsAccount 的对象
            SavingsAccount objSavingsAccount = new SavingsAccount(12345, 5000);
            //用户交互
            Console.WriteLine("输入到现在为止已获得的利息和利率");
            objSavingsAccount.InterestEarned = Int64.Parse(Console.ReadLine());
            SavingsAccount.InterestRate = Int64.Parse(Console.ReadLine());
            //使用类名访问静态属性
            objSavingsAccount.InterestEarned +=
                    objSavingsAccount.Balance * SavingsAccount.InterestRate;
            Console.WriteLine("获得的总利息为：{0}",objSavingsAccount.InterestEarned);
        }
    }
}
```

　　属性 AccountNumber 和 Balance 是只读属性，不能被赋值。InterestEarned 是读/写属性，用户可以通过指定以前获得的利息金额来对它赋值。因为所有类型账户的利率都是相同的，所以定义为静态属性 InterestRate。

　　(4) 执行结果输出如图 6-6 所示。

图 6-6

练习2：掌握索引器的定义和使用

【问题描述】

通过索引器对数组元素赋值并输出。

【问题分析】

本练习主要是巩固课堂上所讲的索引器，先创建数组，再通过索引器对数组赋值并遍历输出。

【参考步骤】

(1) 启动 Visual Studio 2008，创建一个控制台应用程序，输入项目名称为 Indexer。

(2) 在命名空间为 Indexer 的开头进行索引器的定义。

(3) 在项目 Indexer 的 Program.cs 文件的 Main()函数中使用索引器对数组元素赋值并输出。

(4) 程序代码清单如下。

```csharp
using System;
using System.Collections.Generic;
using System.Text;

namespace Indexer
{
    class Number
    {
        private int[] str = new int[10];
        //声明索引
        public int this[int index]
        {
            get
            {
                //检查索引的取值范围
                if (index < 0 || index > 10)
                {
                    return 0;
                }
                else
                {
                    return str[index];
                }
            }
            set
            {
                if (index >= 0 && index < 10)
                {
                    str[index] = value;
                }
```

```
                }
            }
        }
        class Program
        {
            static void Main(string[] args)
            {
                Number test = new Number();
                //使用索引器对数组元素赋值
                test[0] = 2;
                for (int i = 1; i < 10; i++)
                {
                    test[i] = 2 * test[i - 1];
                }
                for (int j = 0; j < 10; j++)
                {
                    Console.Write("test[{0}]={1,-5}", j, test[j]);
                    //控制输出换行
                    if ((j+1) % 3 == 0)
                        Console.WriteLine();
                }
            }
        }
    }
}
```

(5) 输出结果如图 6-7 所示。

图 6-7

◆ 第二阶段 ◆

练习 3：编写程序，完成对学员成绩访问并计算平均成绩的功能

【问题描述】

编写一个程序,用于接收四年制大学生每年的 GPA(年级平均成绩),计算 GPA 平均值,并显示该值。

【问题分析】

在此问题中,需要一个数组,用于存放每年的 GPA 值。要存储和检索每年的 GPA 值,可以使用索引器。此外,年级可以用作索引器的索引。设置每年的 GPA 值时,需要验证以便检查年级是否从 1 到 4。

此外，因为年级是从 1 到 4 且存储 GPA 的数组是基于零的，所以可通过将用于获取相应索引的年级减去 1，以保持年级与数组的一一对应。

【拓展作业】

为旅行社编写一个程序，用于接收用户输入的旅游地点。接下来验证旅行社是否能满足用户对地点的请求，验证之后显示相应消息，给出该旅游套餐的费用。

 注意

定义一个 TravelAgency 类，该类两个字段用于存储旅游地点和相应的套餐费用。现在，在接收用户输入的信息后，程序就会要求验证旅行社是否提供该特定的旅游套餐。此处，定义一个 Travels 类，定义一个读/写属性以验证用户输入并对其进行检索。例如，如果旅行社只提供到"加利福尼亚"和"北京"的旅游服务。

单元 **七**

委托、Lambda 表达式和事件

 课程目标

▶ 理解并使用委托
▶ 掌握匿名方法的使用
▶ 掌握 Lambda 表达式的使用
▶ 理解 C#事件处理机制
▶ 了解自定义事件的流程

 简 介

本单元我们将学习 C#中非常重要的委托、Lambda 表达式和事件的知识，首先讨论为什么需要委托，怎么使用委托，然后介绍 Lambda 表达式是如何简化委托的，最后我们会学习事件，事件本质上也是一种委托。

7.1 委托

委托(delegate)是.NET 中的一个重要概念，它的作用相当于 C 语言中的函数指针，但与函数指针相比，委托是类型安全的并且是完全面向对象的。通过委托可以间接地调用一个方法(实例方法或静态方法都可以)。委托包含对方法的引用，使用委托可以在运行时动态地设定要调用的方法，执行或调用一个委托将执行该委托引用的方法。委托只是一种特殊的对象类型，其特殊之处在于以前定义的所有对象都包含数据，而委托包含的只是方法的细节。

委托要求方法的实现和委托必须具有相同的方法签名，也就是说，委托的参数数量、类型和顺序必须与方法一致，并且具有相同类型的返回值。例如，现有两个方法 Plus()和 Minus()。Plus()方法对两个整数求和，它的参数是两个整数，返回值也是一个整数。Minus()方法对两个整数求差，返回值也是一个整数。现在这两个方法具有相同的参数和返回值类型，因此可以定义一个委托用于引用这两个方法中的其中一个，当委托引用 Plus()时执行加法，当委托引用 Minus()时执行减法。

使用委托的步骤如下。

(1) 定义委托。

(2) 实例化委托。

(3) 调用委托。

7.1.1 如何引用方法

在之前的学习中，我们使用方法的参数都是数据，假如我们需要将一个方法作为参数传入另外一个方法中，那么我们该如何实现呢？

答案是使用委托，委托对象指向对应方法的地址，所以可以说委托本质上是寻址方法的.NET 版本，在其他语言(如 C 语言、C++语言)中要实现对方法的寻址需要依靠指针，可是在这两种语言中指针可以指向任何内存地址，无法确保指向的类型是否正确，所以说指针是不安全的。而委托其实是一种类型安全的类，使用它就可以确保寻址的对象是我们要的方法类型。

也就是说，在.NET 中使用委托来引用方法，它不仅能够帮助我们传递对方法的引用，而且它还可以确保引用的方法类型是正确的。下面我们按照定义委托、实例化委托、调用委托，以及使用匿名方法的顺序来学习使用委托。

7.1.2　定义委托

定义委托包括指定委托名、委托将引用的方法的参数和返回值。定义委托需要使用 delegate 关键字，可以使用下面的语法定义一个委托：

[访问修饰符]　delegate　返回值类型　委托名([参数列表]) ;

从上面的语法可以看出，委托和方法的原型很相似，以下是一个返回整形值，名为 Callback，有两个整形参数的委托的定义的例子：

public delegate int Callback(int num1 , int num2) ;

实际上，定义一个委托是定义一个新类，该新类派生至 System.MulticastDelegate，而 System.MulticastDelegate 又派生至 System.Delegate。C#编译器知道这个类，会使用其委托语法，因此不需要了解这个类的具体执行情况。

7.1.3　实例化委托

实例化委托是指将委托指向或引用某个方法，委托定义后必须实例化才能被调用。

要实例化委托就要调用该委托的构造方法，并将要与该委托关联的方法作为参数传递给构造方法。下面的代码演示了如何实例化 Callback 这个委托：

```
using System;

namespace DelegateTest
{
    //定义一个委托
    public delegate int Callback(int num1,int num2);

    class MathCalc
    {
        public int Plus(int number1,int number2)
        {
            return number1 + number2;
        }
        public int Minus(int number1, int number2)
        {
            return number1 - number2;
        }
    }
    class Program
    {
        static void Main(string[] args)
        {
            MathCalc mc = new MathCalc();
```

```
        //声明并实例化委托
        Callback cb = new Callback(mc.Plus);
    }
  }
}
```

在代码中首先定义了一个委托，然后定义了 MathCalc 类，该类包含两个实例方法：Plus()和 Minus()。因为这两个方法都是实例方法，只能通过对象调用，所以在 Main()方法中首先得到一个 MathCalc 类的实例 mc，然后把 mc 的 Plus 方法名作为参数传递给委托对象 cb 来实例化该委托。至此，就完成了将委托 cb 指向 mc 的 Plus 方法的任务，以后想调用 mc 的 Plus 方法就可以直接调用委托 cb。

 注意

委托可以指向实例方法也可以指向静态方法，如果上例中的 Plus 方法是静态的，则在 Main()方法中不需要mc 这个对象，实例化委托可以直接写成：

```
Callback cb = new Callback(MathCalc.Plus);
```

实例化委托时的参数仅仅是方法名，所以不能加 "()"，更不能传递参数，写成下面的代码会出现编译错误：

```
Callback cb = new Callback(mc.Plus());
```

7.1.4 调用委托

调用委托意味着执行委托所指向的方法，这时必须正确地为委托传递必要的参数。继续上面的例子，如果要使用委托来计算 1+2 的和，则可以对 Main()函数做如下的修改：

```
static void Main(string[] args)
{
    MathCalc mc = new MathCalc();
    //声明并实例化委托
    Callback cb = new Callback(mc.Plus);
    //调用委托
    int result = cb(1, 2);
    Console.WriteLine("1+2=" + result);
    Console.ReadKey();
}
```

执行上面的代码，结果如图 7-1 所示。

图 7-1

在本例中使用委托来间接调用方法并没有什么实际意义，使用委托的主要意义在于在事件处理中动态调用方法。

7.1.5　匿名方法

到目前为止，要想使委托工作，委托所指的方法必须已经存在。但在 C# 2.0 中使用委托还有另一种方式：匿名方法。匿名方法就是不需要定义委托要引用的方法，而把要引用方法的方法体作为实例化委托时的一个代码块紧跟在委托的后面。用匿名方法来使用委托和不用匿名方法来使用委托的差别在于实例化委托阶段。比较下面两段功能相同的代码。

不使用匿名方法：

```
class Program
{
    //定义一个委托
    delegate int delSum(int num1,int num2);
    //定义委托将引用的静态方法
    static int Add(int first, int second)
    {
        int sum = first + second;
        return sum;
    }
    static void Main(string[] args)
    {
        int third = 30;
        delSum deladd = new delSum(Add);
        int total = deladd(10, 20) + third; //调用委托
        Console.WriteLine("10＋20＋30＝" + total);
        Console.ReadKey();
    }
}
```

在这段代码中定义了一个委托引用的静态方法 Add，实例化委托使用了 new 关键字。

使用匿名方法：

```
class Program
{
    delegate int delSum (int num1,int num2);

    static void Main(string[] args)
    {
        int third = 30;
        delSum deladd = delegate(int first,int second)
        {
            int sum = first + second;
            return sum;
        };
```

```
            int total = deladd(10, 20) + third; //调用委托
            Console.WriteLine("10＋20＋30＝" + total);
            Console.ReadKey();
        }
    }
```

仔细观察本段代码，可以发现匿名方法就是把委托要引用方法的方法体直接放在实例化委托时的后面，用户不需要指定匿名方法的返回值类型，返回值类型由 return 语句决定，并且必须与定义委托时的返回类型一致。委托的定义和调用都没有任何变化。可以总结出，匿名方法使用委托的语法如下：

```
委托类型 委托实例 = delegate ( [参数列表] )
{
    代码块
} ;    //分号不能少
```

上面两段代码的输出完全相同，都如图 7-2 所示。

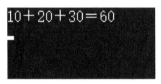

10＋20＋30＝60

图 7-2

匿名方法的优点是减少了系统开销，方法仅在由委托使用时才定义。匿名方法有助于降低代码的复杂性，但如果委托代码块的代码很多则容易混淆代码，降低程序的可读性。

在匿名方法中不能使用跳转语句跳到该匿名方法的外部，同样匿名方法外部的跳转语句也不能跳到匿名方法的内部。匿名方法不能访问在外部使用 ref 和 out 修饰的参数，但可以访问在外部声明的其他变量。

7.2　Lambda 表达式

在 7.1.5 小节中我们学习了匿名函数，匿名函数不需要我们专门去创建一个方法，提高了代码的可读性，但是匿名方法的书写还是比较复杂的。从 C# 3.0 开始，引入了新的语法——Lambda 表达式，使用 Lambda 表达式可以帮我们省去原来匿名方法中烦琐的语法结构，帮助我们更快、更清晰地使用委托和阅读委托代码。

Lambda 表达式的基本形式如下：

```
(参数类型 参数)=>表达式
```

在上述基本形式中，"=>"符号将表达式分为左右两部分，这个符号按照英文词组"goes to"来读，我们知道一个方法主要包含方法名、参数和方法体。Lambda 表达式是对匿名函数的一种简化，既然是匿名的，就不需要函数名，所以在上述基本形式中我们找不到代表方法名的部分。针对于方法的参数，由"=>"左边的部分代表；针对于方法的方法体，由

"=>"右边的部分代表。

下面我们对 7.1.5 小节最后一个代码示例使用 Lambda 表达式进行重写如下：

```
class Program
    {
        delegate int delSum(int num1, int num2);

        static void Main(string[] args)
        {
            int third = 30;
            //使用匿名方法
            //delSum deladd = delegate (int first, int second)
            //{
            //      int sum = first + second;
            //      return sum;
            //};
            //使用 Lambda 表达式
            delSum deladd = (num1, num2) => { return num1 + num2; };
            int total = deladd(10, 20) + third; //调用委托
            Console.WriteLine("10＋20＋30＝" + total);
            Console.ReadKey();
        }
    }
```

以上代码中，delSum deladd = (num1, num2) => { return num1 + num2; };等号右边就是取代匿名函数的 Lambda 表达式，表达式被"=>"符号一分为二，它左边对应的是方法的参数，右边代表的是方法体。也许你会觉得很奇怪，左边括号里面的参数为什么没有数据类型，其实这是因为这个 Lambda 是赋值给指定的委托的，而委托已经对方法的参数类型做了限制，这就使得 Lambda 表达式左边括号的参数的数据类型已经确定了，即和委托定义的参数类型一一对应。如果委托定义的方法没有参数，应该直接写一个()，里面不放参数。如果委托没有返回值，就不需要 return。下面我们对委托参数个数不同及是否有返回值的各种情况举例演示其使用特点。

7.2.1 委托无参数时 Lambda 表达式的使用要点

委托没有参数时，Lambda 表达式左侧代表参数的括号必须存在，只需要写一个空括号即可。示例如下：

```
using System;

namespace LambdaDemo
{
    class Program
    {
        //无参数，有返回值的委托
```

```
delegate string GetName();
//无参数，没有返回值的委托
delegate void SayHi();
static void Main(string[] args)
{
    //委托没有参数时，()不能省
    //如果方法有返回值，用了return，需要用{}包裹起来
    GetName getName = () => { return "我的名字叫李杨"; };
    //如果方法只有一行，且直接返回值，可以省略return，表达式部分不用{}包裹
    GetName _getName = () => "我的名字叫诸葛浪";
    //方法只有一行，可以省略return，表达式部分不用{}包裹
    SayHi sayHi = () => Console.WriteLine("你好，我的朋友!");
    string name= getName();
    string _name= _getName();
    Console.WriteLine(name);
    Console.WriteLine(_name);
    sayHi();
    Console.ReadKey();
}
}
}
```

7.2.2 委托只有一个参数时 Lambda 表达式的使用要点

如果委托只有一个参数，则 Lambda 表达式中参数可以不用"()"包裹起来(当然也可以用"()"包裹起来)，通常为了书写简便会省去"()"。示例如下：

```
using System;

namespace LambdaDemo
{
    class Program
    {
        //1 个参数，有返回值的委托
        delegate string GetName(string argName);
        //1 个参数，没有返回值的委托
        delegate void SayHi(string argStr);
        static void Main(string[] args)
        {
            //委托只有 1 个参数时，()可以省，也可以保留
            //如果方法有返回值，用了return，需要用{}包裹起来
            GetName getName = m => { return $"我的名字叫{m}"; };
            //如果方法只有一行，且直接返回值，可以省略return，表达式部分不用{}包裹
            GetName _getName = m => "我的名字叫"+m;
            //方法只有一行，可以省略return，表达式部分不用{}包裹
            SayHi sayHi = (m) => Console.WriteLine($"你好，{m}");
```

```
//如果代码有多行，则右侧{}不能省略
SayHi _sayHi = m =>
{
    Console.WriteLine($"你好，{m}");
    Console.WriteLine("多日不见，甚是想念");
};
string name= getName("朱胖");
string _name= _getName("王巢");
Console.WriteLine(name);
Console.WriteLine(_name);
sayHi("我的朋友");
Console.ReadKey();
        }
    }
}
```

7.2.3　委托有多个参数时 Lambda 表达式的使用要点

如果委托有多个参数，左侧参数必须被"()"包裹。示例如下：

```
using System;

namespace LambdaDemo
{
    class Program
    {
        //多个参数，有返回值的委托
        delegate string Introduce(string argName,int argAge);
        //多个参数，没有返回值的委托
        delegate void Ask4Help(string argName,string argSomething);
        static void Main(string[] args)
        {
            //多个参数，()不能省，一行表达式，{}可以省掉
            Introduce introduce = (n, a) => $"我的名字是:{n},我今年{a}岁。";
            //多个参数，()不能省，多个语句，{}不能省
            Ask4Help ask4Help = (n, s) =>
              {
                  Console.WriteLine(n+"!");
                  Console.WriteLine($"可以帮我{s}吗？");
              };
            Console.WriteLine(introduce("诸葛盼",20));
            ask4Help("李杨","打扫卫生");
            Console.ReadKey();
        }
    }
}
```

在后续的学习中我们会使用 Lambda 赋值给委托，它是一个非常有用的、便利的语法糖，希望读者朋友能在练习中多使用，以达到能熟练使用 Lambda 表达式的水平。

7.3 事件

以大学上课点名为例，当教师宣布"我们开始上课"时，本班的学生都会认真听讲，而其他班的同学则不会。从程序的角度来分析这个问题，当教师宣布"我们开始上课"时就是发生了一个事件，教师(事件源)通知该事件的发生，本班同学(订阅者)接到通知(之所以会接到通知，是因为他们订阅了教师的该事件)开始听讲、做笔记等(事件的订阅者对事件的处理)，同时非本班同学则不会注意教师所讲的内容(因为他们没有订阅这个事件)。

C#中的事件处理也以相同的方式进行处理。C#允许一个对象将事件通知其他的对象，发生事件的对象称为事件的发行者(也就是事件源)，而其他接收该事件通知的对象称为事件的订阅者。一个事件可以有多个订阅者，事件的发行者也可以是事件的订阅者。

C#中的事件处理步骤如下。

(1) 定义事件。

(2) 订阅事件。

(3) 事件发生时通知订阅者发生的事件。

7.3.1 定义事件

C#中的事件借助委托来实现，使用委托调用事件订阅者的某个方法，当事件发行者引发事件时很可能调用多个委托(根据订阅事件的对象数量)。

定义事件需要使用 event 关键字，语法如下：

```
[访问修饰符] event 委托名 事件名;
```

事件的发起者定义事件时首先要定义委托，然后根据委托来定义事件。下面的代码定义了一个事件：

```
public delegate void delListener();
public event delListener eventListener;
```

为什么要用委托来定义事件？因为用委托限定了事件引发函数的类型，即函数的参数和返回值类型。

7.3.2 订阅事件

订阅事件只是添加了一个委托，事件引发时该委托将调用一个方法，订阅事件使用"+="运算符。订阅事件的语法如下：

```
事件名 += new 委托(事件处理方法名);
```

下面的代码演示了 stu1 和 stu2 这两个对象如何订阅事件 eventListener：

```
//对象 stu1 订阅了事件 eventListener
eventListener += new delListener(stu1.Method1);
//对象 stu2 也订阅了事件 eventListener
eventListener += new delListener(stu2.Method2);
```

由于对象 stu1 和 stu2 都订阅了 eventListener 这个事件，则当该事件发生时 stu1 的 Method1 方法和 stu2 的 Method2 方法都会执行。

7.3.3 引发事件

要通知订阅了某个事件的所有对象，需要引发该事件。引发事件与调用方法相似，语法如下：

```
事件名( [参数列表] );
```

引发事件时将调用订阅此特定事件的对象的所有委托。如果没有对象订阅该事件，则会引发异常。下面的代码引发 eventListener 事件：

```
if (eventListener != null)
{
    eventListener( ); //引发事件
}
```

如果条件 eventListener != null 不成立，则说明根本没有任何对象订阅事件 eventListener，这时不该引发事件，以避免发生异常。

7.4 自定义事件完整实例

以在前面提到的教师上课为例来实现一个完整的自定义事件的例子。在该例子中定义一个教师类 Teacher，在该类中定义一个事件和一个引发事件的方法，然后定义一个学生类 Student，在 Main()方法中让多个学生来订阅教师的事件。

为方便阅读，把所有的类放到一个文件里。该文件代码如下：

```
using System;

namespace EventTest
{
    //Teacher 是教师类
    public class Teacher
    {
        //定义一个委托和一个事件
```

```csharp
        public delegate void ListenerEventHandler();
        public event ListenerEventHandler ListenerEvent;
        //定义引发事件的方法
        public void BeginClass()
        {
            Console.WriteLine("教师宣布开始上课！");
            if (ListenerEvent != null)
            {
                ListenerEvent(); //引发事件
            }
        }
    }
    //Student 是学生类
    public class Student
    {
        private string stuName; //学生姓名
        //构造方法
        public Student(string name)
        {
            this.stuName = name;
        }
        public void Listener()
        {
            Console.WriteLine("学生：" + stuName + "正在认真听课！");
        }
        public void Record()
        {
            Console.WriteLine("学生：" + stuName + "正在做笔记！");
        }
        public void Sleep()
        {
            Console.WriteLine("学生：" + stuName + "正在睡觉！");
        }
    }

    class Program
    {
        static void Main(string[] args)
        {
            Teacher t = new Teacher();
            Student stu1 = new Student("张微");
            Student stu2 = new Student("姚岚");
            Student stu3 = new Student("王明");

            //三个学生都订阅同一个事件
            t.ListenerEvent += new Teacher.ListenerEventHandler(stu1.Record);
            t.ListenerEvent += new Teacher.ListenerEventHandler(stu2.Sleep);
```

```
                    t.ListenerEvent += new Teacher.ListenerEventHandler(stu3.Listener);

                    t.BeginClass(); //触发事件
            }
        }
    }
```

为了给 Teacher 类定义一个事件必须先定义一个委托，为引发事件还定义了一个引发事件的方法。在学生类中定义了三个方法，这三个方法将由三个学生用来订阅教师的事件，所以这三个方法的返回值和参数列表必须完全一致。在 Main()方法中 Teacher 类的实例 t 是事件的发行者，张微、姚岚和王明三个学生是事件的订阅者，这三个学生用三个不同的方法订阅了教师的事件，当事件发生时将调用这三个方法。这三个方法就是这三个学生对应的事件处理程序。

按 Ctrl+F5 组合键运行程序，结果如图 7-3 所示。

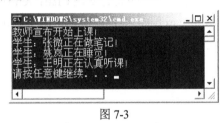

图 7-3

7.5 含参数事件完整实例

事件大多由用户操作控件引发，与控件相关的事件处理程序大多如下所示：

> [访问修饰符] 返回值类型 事件处理方法名(object source , EventArgs e)

其中，参数 source 表示事件的发行者(事件源)，e 表示事件的参数，如发生鼠标事件时 e 包含鼠标的位置坐标等信息。

含参数的自定义事件比无参数的自定义事件多了一个步骤，那就是定义一个事件参数类，该类最好继承自 EventArgs 类。定义委托时委托的第二个参数就是该类型。

下面的示例完成如下功能：CharChecker类的char型字段curchar只能接收大写字母，当用户向该字段对应的属性赋值时将产生一个事件参数类的实例，该实例包含用户将要赋给curchar的值，赋值的同时触发事件，事件调用相应的事件处理程序检验用户所赋的值是否为小写字母，如果是小写字母则转换为对应的大写字母，并把转换后的大写字母赋给curchar字段，这样curchar就不可能接收小写字母了。

该程序的实现步骤如下。

(1) 新建一个控制台程序，并命名为 EventArgsTest。

(2) 添加一个代表事件参数的类 CharEventArgs，该类继承自 EventArgs。由于事件参数将传递用户将要赋值给 curchar 的值，所以该类需要一个 char 型的成员来存放用户将要赋值给 curchar 的值。该类的代码如下：

```
namespace EventArgsTest
{
    //该类为事件参数类，继承自 EventArgs 类
    class CharEventArgs:EventArgs
    {
        public char argschar;
        public CharEventArgs(char argumentschar)
        {
            this.argschar = argumentschar;
        }
    }
}
```

(3) 在同一个命名空间下定义一个带参数的委托 CharEventHandler，并定义事件发生者类 CharChecker。该类有一个成员 curchar，用户就是要为这个成员赋值，为了能引发事件则必须为该类添加一个事件。代码如下：

```
namespace EventArgsTest
{
    //定义一个委托
    public delegate void CharEventHandler(object source , CharEventArgs e);

    //事件源类
    class CharChecker
    {
        //定义一个事件
        public event CharEventHandler CharEvent;

        private char curchar; //由用户赋值的字段

        public char Curcha
        {
            get
            {
                return curchar;
            }
            set
            {
                if (CharEvent != null)
                {
                    //创建事件参数实例
                    CharEventArgs args = new CharEventArgs(value);
                    //引发事件
                    CharEvent(this,args);
                    //引发事件后事件处理程序将对参数做处理，
```

```
                    //必须把处理的结果再赋值给该类的成员
                    this.curchar = args.argschar;
                }
            }
        }
    }
}
```

(4) 修改 Main()方法所属的 Program 类，为该类添加一个静态的方法，该方法就是事件处理方法，在 Main()方法中初始化一个 CharChecker 的实例，并为该实例的 curchar 字段赋值，赋值操作将引发事件，在事件处理程序中将小写字母换转成大写字母。该类的代码如下：

```
namespace EventArgsTest
{
    class Program
    {
        static void Main(string[] args)
        {
            CharChecker cc = new CharChecker();
            cc.CharEvent += new CharEventHandler(cc_CharEvent);
            cc.Curcha = 'A';
            Console.WriteLine("事件处理后为：" + cc.Curcha + "\n\n");
            cc.Curcha = 'c';
            Console.WriteLine("事件处理后为：" + cc.Curcha + "\n\n");
            cc.Curcha = 'd';
            Console.WriteLine("事件处理后为：" + cc.Curcha + "\n\n");
        }

        //事件处理程序
        public static void cc_CharEvent(object source, CharEventArgs e)
        {
            if (char.IsLower(e.argschar))
            {
                Console.WriteLine("不能赋值为小写字母" + e.argschar + ",
                    将转换为对应的大写字母！");
                e.argschar = char.ToUpper(e.argschar);
            }
            else
            {
                Console.WriteLine("大写字母无须转换！");
            }
        }
    }
}
```

(5) 按 Ctrl+F5 键运行程序，结果如图 7-4 所示。

图 7-4

【单元小结】

- 委托包含对方法的引用，通过委托可以调用某个方法。
- 匿名方法只是少了方法名，编译器会根据匿名方法自动添加相应的静态或实例方法。
- C#中的事件允许一个对象将消息通知其他的对象。
- 事件参数类需继承自 EventArgs 类。

【单元自测】

1. (　　)关键字用于定义委托。

   A. delegate　　　B. event　　　　　C. this　　　　　D. value

2. (　　)关键字用于定义事件。

   A. delegate　　　B. event　　　　　C. this　　　　　D. value

3. 将发生的事件通知其他对象的对象称为事件的(　　)。

   A. 广播者　　　B. 通知者　　　　C. 发行者　　　　D. 订阅者

4. C#中的事件处理有三个步骤：①订阅事件；②定义事件；③发生事件时通知订阅者，正确的顺序是(　　)。

   A. ①②③　　　B. ③②①　　　C. ①③②　　　D. ②①③

5. 关于事件处理程序，下列说法错误的是(　　)。

   A. 事件处理程序可以是一个静态方法
   B. 事件处理程序可以是一个实例方法
   C. 事件处理程序可以是一个匿名方法
   D. 以上都不对

【上机实战】

上机目标

- 掌握委托的定义和使用。
- 掌握事件的定义和使用。
- 了解如何自定义事件。

上机练习

◆ 第一阶段 ◆

练习1：掌握委托的定义和使用

【问题描述】

定义一个委托，该委托指向一个除法运算的方法，通过委托来调用这个方法。

【问题分析】

定义一个 Calculator 类，该类包含一个除法运算的方法 Divide(int num1，int num2)，再定义一个委托 CalcEventHandle，在 Main()方法中实例化该委托并指向 Divide()方法，调用委托显示结果。

【参考步骤】

(1) 新建一个名为 DelegateTest 的基于控制台应用程序的项目。

(2) 在命名空间下添加一个委托。

```
delegate int CalcEventHandle(int num1,int num2);
```

(3) 修改 Main()方法，完整代码如下。

```
using System;

namespace DelegateTest
{
    delegate int CalcEventHandle(int num1,int num2);
    class Program
    {
        static void Main(string[] args)
        {
            Program p = new Program();
            CalcEventHandle ceh = new CalcEventHandle(p.Divide);
            int result = ceh(100, 5);
```

```
                Console.WriteLine("100 除以 5 的结果是： "+result);
                Console.ReadKey();
            }
            public int Divide(int num1, int num2)
            {
                return num1 / num2;
            }
        }
    }
```

(4) 按 Ctrl+F5 键运行代码，输出结果如图 7-5 所示。

图 7-5

练习 2：掌握事件的执行步骤以及原理

【问题描述】

编写一个程序用来模拟考试流程，有一个教师类 Teacher 和一个学生类 Student。教师引发开始考试事件，学生开始考试，学生答题完毕引发答题完成事件，教师收卷。

【问题分析】

教师类应该有一个可以引发开始考试事件的方法，由 Main()方法调用，同样学生类也应该有一个引发完成答题事件的方法供 Main()方法调用，由于有两个事件所以需要定义两个委托。

【参考步骤】

(1) 新建一个名为 Exam 的控制台应用程序。

(2) 选择"项目"|"添加类"命令，将文件名改为 Student。在该类中添加如下代码。

```
namespace Exam
{
    //定义一个完成考试的委托
    public delegate void DelegateFinishExam(DateTime FinishTime,Student student);
    class Student
    {
        //定义完成考试事件
        public event DelegateFinishExam FinishExam;
        private string _name; //学生姓名的字段

        //构造方法
        public Student(string name)
        {
            this._name = name;
```

```
        }

        //获得学生姓名的属性
        public string Name
        {
            get{        return this._name;        }
        }

        //答题的方法，开始考试的事件将调用该方法
        public void Testing(DateTime BeginTime)
        {
            Console.WriteLine("学生{0}\t{1}开始答题...", this._name, BeginTime);
        }

        //学生交卷的方法，该方法将引发完成考试事件
        public void HandInPaper()
        {
            FinishExam(DateTime.Now, this); //答题完成引发事件
        }
    }
}
```

(3) 选择"项目"|"添加类"命令，将文件名改为 Teacher。在该类中添加如下代码。

```
namespace Exam
{
    //定义一个开始考试的委托
    public delegate void DelegateStartExam(DateTime StartTime);

    class Teacher
    {
        //定义开始考试的事件
        public event DelegateStartExam StartExam;

        //引发开始考试事件的方法
        public void NotifyBeginExam()
        {
            Console.WriteLine("老师宣布开始考试！");
            StartExam(DateTime.Now); //触发开始考试事件
        }

        //教师收卷的方法，完成考试的事件将调用该方法
        public void AcceptPaper(DateTime AcceptTime, Student student)
        {
            Console.WriteLine("学生"+ student.Name + "完成考试，老师收卷！");
        }
    }
}
```

(4) 修改 Program 类，代码如下。

```
namespace Exam
{
    class Program
    {
        static void Main(string[] args)
        {
            Teacher teacher = new Teacher();
            Student[] students = new Student[5];
            students[0] = new Student("罗欣");
            students[1] = new Student("彭玉叶");
            students[2] = new Student("吴小雪");
            students[3] = new Student("李明");
            students[4] = new Student("马帅");
            foreach (Student stu in students)
            {
                //给每个学生订阅教师的开始考试事件
                teacher.StartExam += new DelegateStartExam(stu.Testing);
                //给教师订阅每个学生的完成答卷事件
                stu.FinishExam += newDelegateFinishExam(teacher.AcceptPaper);
            }

            teacher.NotifyBeginExam(); //教师宣布开始考试
            Console.WriteLine("经过了一段时间\n");
            students[1].HandInPaper(); //学生完成答题交卷
            students[2].HandInPaper();
            students[4].HandInPaper();
            Console.ReadKey();
        }
    }
}
```

(5) 按 Ctrl+F5 键执行程序，输出结果如图 7-6 所示。

图 7-6

◆ 第二阶段 ◆

练习3：编写一个带参数的事件例子

【问题描述】

以渔夫捕鱼为例，渔夫捕到一条鱼时会检查鱼的重量，如果重量小于20千克则放生。定义一个鱼类 Fish，它包含 cataName(鱼的种类)和 weight(鱼的重量)，用随机数来初始化鱼的种类和重量；定义一个事件参数类 FishEventArgs，它将传递鱼的重量给事件处理程序；再定义一个渔夫类 Fishman，在该类中定义一个渔夫捕到鱼的事件和引发事件的方法。

【参考步骤】

(1) 定义鱼类参考代码如下。

```
class Fish
{
    private string cataName; //鱼的种类
    private int weight; //鱼的重量
    public Fish()
    {
        Random r = new Random();
        int cata = r.Next(1, 4);
        if (cata == 1)
        {    this.cataName = "鲨鱼";    }
        else if (cata == 2)
        {    this.cataName = "龙虾";    }
        else
        {    this.cataName = "大黄鱼";    }
        this.weight = r.Next(1,51);
    }
…
}
```

(2) 事件参数类的参考代码如下。

```
class FishEventArgs:EventArgs
{
    private int weight; //鱼的重量
    public FishEventArgs(int fishweight)
    {
        this.weight = fishweight;
    }
…
}
```

(3) 渔夫类参考代码如下。

```
namespace FishTest
{
```

```
delegate void FishEventHandle(object sender,FishEventArgs e);
class Fishman
{
    public event FishEventHandle FishEvent; //捕到鱼的事件
    //渔夫开始捕鱼的方法，引发捕到鱼的事件
    public void BeginFish()
    {
        Fish fish = new Fish();
        Console.Write("捕到一条" + fish.CataName);
        //引发事件的代码省略
    }
}
```

【拓展作业】

1. 定义一个 Show()方法用来输出某些信息，再定义一个委托来调用 Show()方法。

2. 创建事件 ZeroEvent，接收用户输入的两个数。如果用户输入数字 0，则应该引发该事件并调用方法 Disp()来显示"不允许以 0 为除数"；如果输入数字大于 0，则对数字进行除法计算并显示结果。

单元 八

继承和多态

 课程目标

▶ 理解继承的概念

▶ 了解继承中的构造函数

▶ 掌握 base 和 protected 关键字的语法

▶ 掌握密封类的语法

▶ 理解多态的概念

 简 介

面向对象的三大特性：封装、继承和多态。类和对象其实就是封装的过程。本单元将要讲述面向对象的另外两大特性：继承和多态。

8.1　继承

继承，在生活中经常会遇到这个词语，比如说某某继承了父辈的遗产，某某继承了中国人民勤劳、勇敢、吃苦耐劳的优良传统。继承的意思是以前创造、发明、通过努力得到的事物，传递给其他人或物，使它们也具有了这些事物和特点。

在软件开发过程中，经常会遇到这样的问题，以前开发的软件或者某个功能，在后来的开发中又需要重新编写，做重复的事情，降低了开发的效率。为了提高软件模块的可重用性，提高软件的开发效率，我们总是希望能够利用前人或自己以前的开发成果。C#这种面向对象的程序设计语言为我们提供了一个重要的特性——继承性(inheritance)。

继承是面向对象程序设计的主要特征之一，它可以让用户重用代码，也可以节省程序设计的时间。继承就是在类之间建立一种传承关系，使得新定义的子类(也叫派生类)的实例具有父类(也叫基类)的特征和能力。在面向对象编程中，被继承的类称为父类或者基类，继承了其他类的类叫子类或者派生类。

使用继承无须从头开始创建新类，便可以在现有类的基础上添加新方法、属性和事件(事件是对用户操作的响应)，既省时又省力。

8.1.1　继承C#中的类

继承的语法非常简单，只需要把父类的类名写在类名的后面，中间加一个":"号即可。语法如下所示：

```
class 类名:父类类名
{
}
```

这里强调的是，一旦继承了某个类，那么就会拥有那个类的特征(成员变量)和行为(成员方法)。

下面通过一个示例来说明继承的语法，以及什么是子类，什么是父类。示例如下：

```
using System;

namespace InheritanceDemo
{
    //定义 Person 类，包含两个公开成员变量和一个方法
    class Person
```

```
    {
        public int age;
        public string name;

        public void Speak()
        {
            Console.WriteLine("你好，我是{0}，很高兴认识你！",this.name);
        }
    }

//定义 Student 类，Student 类继承了 Person 类，所以 Student 类是子类，Person 类是父类
class Student : Person
    {
        //在 Student 类里没有任何代码，但是因为继承了 Person 类，
        //所以 Student 类实际上也有 age 和 name 两个成员变量，以及 Speak()方法
    }

class Program
    {
        static void Main(string[] args)
        {
            Student stu = new Student();
            //访问 Student 对象的成员变量
            stu.name = "姚明";
            stu.age = 24;
            //调用 Student 对象的 Speak()方法
            stu.Speak();
            Console.ReadKey();
        }
    }
}
```

在上面的示例中，我们看到，Student 类(子类)继承了 Person 类(父类)，虽然在 Student 类中没有编写任何代码，但是 Student 类也有 name 和 age 两个成员变量，以及 Speak()方法。可以给这些成员变量赋值，还调用了 Speak()方法。这就是继承的作用。在这里，Person 类是父类，Student 类是子类。

程序编译执行后，输出结果如图 8-1 所示。

图 8-1

在该示例中，为了说明继承的语法，将三个类的定义都写在了一个文件中，在一个类文件中定义一个类是良好的编程习惯。

有读者会问，子类既然可以继承父类的成员变量和成员方法(当然还有属性、事件等)，也能在继承的基础上添加新的成员变量和方法吗？答案当然是可以。看下面这个示例，类 Student 在继承 Person 类的成员时，又添加了新的成员变量和成员方法。

```csharp
using System;

namespace InheritanceDemo
{
    //定义 Person 类，包含两个公开成员变量
    class Person
    {
        public int age;
        public string name;

        public void Speak()
        {
            Console.WriteLine("你好，我是{0}，很高兴认识你！",this.name);
        }
    }

    //定义 Student 类，Student 类继承了 Person 类
    class Student : Person
    {
        //新添加的成员变量 stuid，Student 类就有了三个成员变量
        public int stuid;

        //新添加的成员方法 Study()，加上继承的 Speak()，共两个方法
        public void Study()
        {
            Console.WriteLine("好好学习，天天向上！");
        }
    }

    class Program
    {
        static void Main(string[] args)
        {
            Student stu = new Student();

            stu.stuid = 1;
            stu.name = "姚明";
            stu.age = 24;

            stu.Speak();
            //调用 Student 对象的 Study()方法
            stu.Study();
            Console.ReadKey();
```

```
            }
        }
    }
```

示例中 Student 类继承了 Person 类的两个成员变量和一个成员方法，并且还添加了一个新的成员变量 stuid 和一个新的方法 Study()，这样 Student 类具有三个成员变量和两个成员方法。同时调用继承的 Speak()方法和 Study()方法，程序编译执行后结果如图 8-2 所示。

图 8-2

继承的语法总结如下。

- 继承的单根性。一个类，只能有一个父类。上面示例中，Student 类的父类是 Person 类，就不能再继承其他类了。但是，Person 类可以有多个子类。
- 继承的传递性。A 类被 B 类继承，B 类又被 C 类继承，那么 C 类拥有 A 类和 B 类所有的成员变量和方法。

讲解完了继承的基本语法后，这里说明一下父类的构造方法不能被继承。那么又有一个问题：子类可以从父类继承成员变量，但是不能继承构造方法，那么子类如何初始化继承而来的成员变量呢？

8.1.2　继承中的构造方法

构造方法不能被继承。那么子类是如何初始化继承自基类的成员呢？我们知道，构造方法是用于初始化类的成员字段，所以子类会自动调用父类构造方法，以帮助子类初始化成员变量。

如果对类没有定义构造方法，则编译器将发挥作用并提供默认的构造方法，以初始化这些类的成员字段。在这种情况下，编译器做了很多工作，它需要逐一向上浏览整个上级类的构造方法，以将继承来的所有字段都初始化为其默认值，子类会自动调用父类的构造方法。

看下面的示例：

```
using System;

namespace InheritanceDemo
{
    class Person
    {
        public int age;
        public string name;
```

```
        public Person()
        {
            Console.WriteLine("我是父类无参构造方法");
        }
    }


    //Student 类继承了 Person 类，没有提供构造方法
    class Student : Person
    {
        public int stuid;
    }

    class Program
    {
        static void Main(string[] args)
        {
            //实例化子类对象，调用子类构造方法，会自动调用父类无参构造方法
            Student stu = new Student();
            Console.ReadKey();
        }
    }
}
```

输出结果如图 8-3 所示。

图 8-3

从上面示例可以看到，Student 类没有定义构造方法，编译器会提供一个默认的无参构造方法，子类的构造方法在执行时，会先自动调用父类的无参构造方法，以初始化继承来的 name 和 age。可以清楚地看到父类——Person 类的构造方法输出了一行字符串，即程序被执行了。

派生类除了继承基类的所有字段外，还添加了它们自己的字段。在创建一个派生类对象时，必须初始化该对象的添加的字段和继承的字段部分。

通过使用 base 关键字，派生类的构造方法可以显式调用基类的构造方法。在必要情况下，可利用它来初始化字段。运行时，将首先执行基类构造方法，然后才执行派生类构造方法的主体。

下面示例就演示了使用 base 关键字显式调用父类构造方法，初始化继承来的成员变量。

```
namespace InheritanceDemo
{
    //定义 Person 类，包含两个公开成员变量
    class Person
```

```
    {
        public int age;
        public string name;

        public Person()
        {
            Console.WriteLine("我是父类无参构造方法");
        }
        public Person(int Age, string Name)
        {
            this.age = Age;
            this.name = Name;
            Console.WriteLine("我是父类带参数构造方法！");
        }
    }

    //Student 类继承了 Person 类
    class Student : Person
    {
        //添加 stuid 字段
        public int stuid;

        public Student()
        {
        }
        public Student(int Stuid, int Age, string Name): base(Age, Name)
        {
            this.stuid = Stuid;
            Console.WriteLine("我是子类构造方法！");
        }
    }

    class Program
    {
        static void Main(string[] args)
        {
            //实例化子类对象，调用子类构造方法，会自动调用父类带参构造方法
            Student stu = new Student(1,24,"姚明");
            Console.WriteLine(stu.stuid);
            Console.WriteLine(stu.name);
            Console.WriteLine(stu.age);
            Console.ReadKey();
        }
    }
}
```

上面示例子类的带参构造方法，演示了使用 base 关键字显式调用父类构造方法的用

法。运行时，将首先执行基类构造方法，然后才执行派生类构造方法的主体。如果程序运行要执行子类带参构造方法，那么首先会执行父类的带参构造方法，然后再执行子类的，示例编译执行后结果如图 8-4 所示。

图 8-4

上面示例中学习了 base 关键字，使用它来调用父类的构造方法。语法如下：

子类构造方法:base(参数变量名)

但是不要以为 base 关键字的作用就是调用父类构造方法，它还有更大的作用。

8.1.3 base 关键字和 protected 访问修饰符

前面讲到，使用 base 关键字显式调用父类构造方法，但是 base 关键字有更大的作用。base 关键字表示父类，使用它来访问父类的成员，如访问父类的成员变量、调用父类的成员方法、调用父类的构造方法。

之前我们学习了 this 关键字，它表示当前实例，使用它来访问该类对象的成员。base 关键字就是在子类中调用父类的成员时使用的。这是两个关键字的区别。看下面的示例，子类使用 base 关键字调用父类的方法。

```
using System;

namespace InheritanceDemo
{
    //定义 Person 类，包含两个公开成员变量
    class Person
    {
        public int age;
        public string name;

        public Person(int Age, string Name)
        {
            this.age = Age;
            this.name = Name;
            Console.WriteLine("我是父类带参数构造方法！");
        }

        public void SayHello()
        {
```

```
            Console.WriteLine("你好，很高兴认识你！");
        }
    }

    //Student 类继承了 Person 类
    class Student : Person
    {
        public int stuid;

        public Student(int Stuid, int Age, string Name): base(Age, Name)
        {
            this.stuid = Stuid;
            Console.WriteLine("我是子类构造方法！");
        }

        public void Speak()
        {
            //调用父类 Person 类的 SayHello()方法
            base.SayHello();
        }
    }

    class Program
    {
        static void Main(string[] args)
        {
            //实例化子类对象
            Student stu = new Student(1,24,"姚明");
            //调用子类的 Speak()方法，会执行父类的 SayHello()方法
            stu.Speak();
            Console.ReadKey();
        }
    }
}
```

从上面的示例中可以看到，子类的 Speak()方法使用 base 关键字调用了父类的 SayHello()
方法，那么调用子类对象的 Speak()方法时，会执行父类的 SayHello()方法，程序编译执行
后结果如图 8-5 所示。

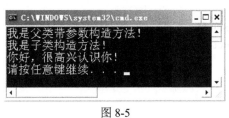

图 8-5

上面的示例中可以通过 base 关键字来访问父类的成员，但是也发现父类的这些成员

都是 public 修饰的。也就是说，子类之所以可以用 base 关键字访问父类成员，是因为父类成员是用 public 修饰的。大家知道，public 修饰的成员，任何类都可以访问该成员，这不符合封装这一特性的要求。有读者会问，那使用 private 修饰符来修饰父类的成员，子类可以用 base 访问它吗？答案当然是不行，父类的成员如果用 private 修饰，其他任何类都无法访问该成员，子类也一样不行。

现在问题来了，父类用 public 修饰，子类可以访问，但是其他类也可以访问。父类用 private 修饰，其他类不能访问，子类也不能访问。为了解决这个问题，C#提供了另外一个访问修饰符——protected。这个单词的意思是"保护"，就好像父亲保护儿子一样，使用 protected 修饰的成员允许被子类访问，但是其他类不能访问。例如，使用 protected 修饰符对上面的示例做一点修改：

```
namespace InheritanceDemo
{
    class Person
    {
        public int age;
        public string name;

        public Person(int Age, string Name)
        {
            this.age = Age;
            this.name = Name;
            Console.WriteLine("我是父类带参数构造方法！");
        }

        //把 SayHello()方法的访问修饰符修改为 protected
        protected void SayHello()
        {
            Console.WriteLine("你好，很高兴认识你！");
        }
    }
    class Student : Person
    {
        public int stuid;

        public Student(int Stuid, int Age, string Name): base(Age,Name)
        {
            this.stuid = Stuid;
            Console.WriteLine("我是子类构造方法！");
        }

        public void Speak()
        {
            //调用父类 Person 类的 SayHello()方法
            base.SayHello();
```

```
            }
        }

    class Program
    {
        static void Main(string[] args)
        {
            Student stu = new Student(1,24,"姚明");
            //调用子类的 Speak()方法，会执行父类的 SayHello()方法
            stu.Speak();
        }
    }
}
```

上面的示例使用 protected 修饰符来修饰父类的 SayHello()方法，这样子类可以访问，其他类就无法访问。

到现在为止，学习了三个访问修饰符，分别是 public、private 和 protected。下面对这三个访问修饰符的作用范围来做一个总结，如表 8-1 所示。

表 8-1

修 饰 符	本 类 内 部	其 他 类	子 类
public	可以访问	可以访问	可以访问
private	可以访问	不能访问	不能访问
protected	可以访问	不能访问	可以访问

从表 8-1 中可以看到，public 任何类都可以访问，private 只有自己可以访问，而 protected 介于两者之间，自己和子类可以访问。

8.1.4 Object 类

上面我们学习了如何实现类的继承，那如果一个类在定义的时候没有指定继承的父类，那么它是否就没有父类呢？答案是否定的，在.NET中所有的类都派生自一个名为 Object的类(其来自System命名空间)，如果类定义时没有指定父类，那么编译的时候编译器会自动设定这个类直接派生自System.Object。

所有的类都派生自System.Object类的意义在于，类除了可以使用自己定义的属性和方法之外，还可以使用Object类定义的许多公有的和受保护的成员方法，如ToString()、GetType()等。这也就是我们定义好了一个类，不需要定义ToString()方法、GetType()方法，就可以直接使用这两个方法的原因。

8.2 密封类

如果不希望一个类被其他的类继承，可以把这个类定义为密封类。定义密封类需要使用 sealed 关键字。下面的代码定义了一个代表圆的密封类：

```
sealed class Circle
{
    public int radius;   //圆的半径
    public double GetInfo()
    {
        return 2 * Math.PI * radius;
    }
}
```

如果试图对密封类进行继承，则编译器会报错。下面的代码将无法通过编译：

```
class RedCircle : Circle
{
}
```

把类定义为密封时，最有可能的情形是：因商业原因把类标记为密封类，以防止第三方以违反注册协议的方式扩展该类。把类标记为 sealed 会严重限制它的使用。.NET 基类库提供了许多密封类，System.String 就是其中的一个。

使用 sealed 修饰的类的成员不能被 protected 修饰，否则编译器会报警告。

8.3 多态

多态，多种形态的意思。前面学过一个语法——重载，它是多态的一种。一个类里面有多个同名的方法，根据参数类型或者个数的不同区分，根据参数的不同来调用相应的方法版本。本单元将讲解多态的另外一种形式——重写。

首先，继承的一个结果是派生类和基类在方法和属性上有一定的重叠。例如，如果基类 Person 有一个方法 Speak()，则从它的任何一个子类对象中调用这个方法，执行结果都是类似的：

```
class Person
{
    public int age;
    public string name;
    public void Speak()
    {
        Console.WriteLine("你好，我是{0}，还是学生，很高兴认识你！",this.name);
    }
}
```

```
// Student 类继承了 Person 类
class Student : Person
{
}
```

上面的示例中，基类 Person 的 Speak()方法被 Student 类继承了，所以实例化一个 Student 类对象，调用 Speak()方法执行的结果与 Person 类对象执行的结果一样，都会输出一句话"你好，我是某某，还是学生，很高兴认识你！"。

但是这样有一个问题，如果再编写一个 Teacher 类，也继承自 Person 类，如下面代码所示：

```
class Person
{
    public int age;
    public string name;
    public void Speak()
    {
        Console.WriteLine("你好，我是{0}，还是学生，很高兴认识你！",this.name);
    }
}
class Teacher : Person
{
    public int teacherid;
}
```

我们会看到这样一个情形，实例化一个 Teacher 类对象，调用该对象的 Speak()方法，会输出一句话"你好，我是某某，还是学生，很高兴认识你！"，教师类的问候方法也变成了学生类的问候方式。

是不是感觉继承有时还不够灵活？一旦继承了某个类，就只能按照父类的方法"行动"吗？有没有一种方法，能让子类和父类的方法执行起来不一样，每个子类都有自己的方式去执行该"行动"？

这就是多态的一个重要的特性——重写。子类重写父类的方法。重写需要用到两个关键字：virtual 和 override。

通常，派生类继承基类的方法，在调用对象继承方法的时候，执行的是基类的实现。但是，有时需要对派生类中继承的方法有不同的实现。例如，假设动物类存在"跑"的方法，从中派生出狗类和鸭类，狗和鸭(鸭只有两只脚)的跑是各不相同的，因此，同一方法在不同子类中需要有两种不同的实现，这就需要子类"重新编写"基类中的方法。"重写"就是在子类中对父类的方法进行修改或者说在子类中对它进行重新编写。

那么如何重写父类的方法呢？C#提供了 virtual 关键字。virtual 关键字用于将父类的方法定义为虚方法，意思是告诉编译器，这个方法被子类继承过去后，有可能不是这样执行，会被重新编写。子类继承了父类后，就可以使用 override 关键字自由实现它们各自版本的方法。所以要重写父类的方法，需要两个步骤：①在父类中把某个方法定义为虚方法，使用 virtual 关键字；②在子类中使用 override 关键字重写父类的虚方法。声明虚方法的语法如下：

```
class MyBaseClass
{
    public virtual string VirtualMethod()    //虚方法的定义
    {
        return "这是基类的虚方法！";
    }
}
```

在 C#中，方法在默认情况下不是虚的，需要显式地声明为 virtual。在派生类中重写该
方法时要使用同样的签名，同时要加上 override 关键字。代码如下：

```
class MyDerivedClass :MyBaseClass
{
    public override string VirtualMethod()    //虚方法的重写
    {
        return "这是在子类中对基类的虚方法进行重写！";
    }
}
```

下面是多态性体现的一个示例：

```
using System;

namespace Test1
{
    class Shapes
    {
        public virtual void area()
        {
            Console.WriteLine("求形状的面积");
        }
    }

    class Circle:Shapes
    {
    public override void area()//重写
        {
            Console.WriteLine("这是圆的面积！");
        }
    }

    class Square :Shapes
    {
        public override void area()//重写
        {
            Console.WriteLine ("这是矩形的面积！");
```

```
        }
    }

    class Triangle :Shapes
    {
        public override void area()//重写
        {
        Console.WriteLine("这是三角形的面积!");
        }
    }
    class Program
    {
        static void Main(string[] args)
        {
            //父类的句柄可以指向子类的对象，反之则不成立
            Shapes shapes=new Circle();
            shapes.area();//它是输出圆的面积

            Circle circle = new Circle();
            Square square = new Square();
            Triangle triangle = new Triangle();

            fn(triangle);
            fn(circle);
            fn(square);
            Console.ReadKey();
        }
        //父类的句柄可以指向子类的对象，反之则不成立
        static void fn(Shapes shapes)
        {
            shapes.area();     //多态性
        }
    }
}
```

父类的对象可以指向子类的实例，反之则不成立。在多态实现时，static void fn(Shapes shapes)调用的方法 shapes.area()是由参数实例的类型来确定的，而不是由形参的类型来确定的。多态有利于程序的扩展，当对库进行修改后，不影响程序的调用。

【单元小结】

- 子类可以继承父类的非私有成员。
- 子类不能继承父类的构造方法，子类构造方法会自动调用父类构造方法，并且先执行父类构造方法，再执行子类构造方法。使用 base 关键字显式调用父类构造方法。base 关键字还可以访问父类成员。

- protected 访问修饰符修饰的成员可以被子类和本身访问，其他类访问不了。
- 密封类，sealed 关键字修饰的类，表示不能被其他类继承。
- 多态是指两个或多个不同的类，对同一方法的不同代码实现。
- virtual、override 关键字，子类重写父类的虚方法。
- 父类对象可以引用子类实例，并且调用子类重写的方法。

【单元自测】

1. 如果 A 类继承自 B 类，则 A 类和 B 类分别称为(　　)。

    A. 基类，派生类　　　　　　　　B. 派生类，基类

    C. 密封类，基类　　　　　　　　D. 该表述有误

2. (　　)关键字用于重写基类的虚方法。

    A. override　　　B. new　　　　C. base　　　　D. static

3. 以下程序代码输出结果是(　　)。

```
using System;
public class A{}
public class B:A{}
public class Test
{
    public static void Main()
    {
        A   myA= new A();
        B   myB = new B();
        Object   O = myB;
        A   myC = myB;
        Console.WriteLine(myC.GetType());
    }
}
```

    A. A　　　　　　　　　　　　　B. B

    C. Object　　　　　　　　　　　D. 将报告错误信息，提示无效的类型转换

4. 关于以下代码的说法正确的是(　　)。

```
public class Animal
{
public virtual void Eat(){}
}
public class Tiger:Animal
{
public override void Eat()
{
Console.WriteLine("老虎吃动物");
}
}
```

```
}
public class Tigress:Tiger
{
static void Main()
{
Tigress tiger=new Tigress();
        tiger.Eat();
    }
}
```

    A. 代码正确，但没有输出

    B. 代码正确，并且输出"老虎吃动物"

    C. 代码错误，因为 Animal 中的 Eat()方法没有实现

    D. 代码错误，因为 Tigress 类没有重写基类 Animal 中的虚方法

5. 下面关于继承的机制说法正确的是(　　)。

    A. 在 C#中，任何类都可以被继承

    B. 一个子类可以继承多个父类

    C. Object 类是所有类的基类

    D. 继承有传递性，A 类继承 B 类，B 类又继承 C 类，那么 A 类也继承了 C 类的成员

【上机实战】

上机目标

- 掌握继承的基础语法。
- 掌握 base 关键字显式调用父类构造方法。
- 利用 virtual 和 override 关键字实现重写，体验多态的优点。

上机练习

◆　第一阶段　◆

练习 1：掌握继承的基础语法，并在继承的基础上添加方法和成员变量

【问题描述】

用 C#编写一个程序，使用 Employee(雇员)和 Programmer(程序员)两个实体来表现继承关系(作为程序员的雇员，在拥有雇员属性和方法基础上，拥有程序员特殊的属性和方法)。Employee 具有姓名和学历等属性，需要提供方法实现以接收和显示这些属性的值。Programmer 实体具有代表其技能集的属性，这些属性表明程序员在编程语言、操作系统和数据库方面的专业知识。同样地，需要提供方法实现以接收和显示这些属性的值。

【问题分析】

Employee 类是一个基类，它包含 name 和 qualification 两个成员，以及用于接收和显示信息的两个方法。名为 Programmer 的派生类包含 languages、os 和 databases 三个成员，以及用于接收和显示信息的两个方法。为 Programmer 类创建一个对象，并调用基类和派生类的方法来存储和检索值。

【参考步骤】

(1) 新建一个名为 Company 的基于控制台应用程序的项目。

(2) 将以下代码添加到类文件中。

```
using System;

namespace Company
{
    class Employee
    {
        protected string name;
        protected string qualifications;

        //接收姓名和学历
        public void AcceptDetails()
        {
            Console.WriteLine("请输入姓名： ");
            this.name = Console.ReadLine();

            Console.WriteLine("请输入基本学历:");
            this.qualifications = Console.ReadLine();
        }
        //显示职员的姓名和学历
        public void DisplayDetails()
        {
            Console.WriteLine();
            Console.WriteLine("{0}的详细信息如下： ", this.name);
            Console.WriteLine("姓名： {0}", this.name);
            Console.WriteLine("学历： {0}", this.qualifications);
        }
    }

    class Programmer : Employee
    {
        private string languages;
        private string os;
        private string databases;

        //接收程序员的技能集详细信息
        public void AcceptSkillSet()
```

```
        {
            Console.WriteLine("请输入你所了解的编程语言：");
            this.languages = Console.ReadLine();
            Console.WriteLine("请输入你所了解的数据库：");
            this.databases = Console.ReadLine();
            Console.WriteLine("请输入你所了解的操作系统：");
            this.os = Console.ReadLine();
        }
        //显示程序员的技能集详细信息
        public void DisplaySkillSet()
        {
            Console.WriteLine();
            Console.WriteLine("{0}的技能集包括：", this.name);
            Console.WriteLine("语言：{0}", this.languages);
            Console.WriteLine("操作系统：{0}", this.os);
            Console.WriteLine("数据库：{0}", this.databases);
        }
    }
    class Organization
    {
        static void Main(string[] args)
        {
            Programmer obj = new Programmer();
            obj.AcceptDetails();        //访问子类继承的方法和成员
            obj.AcceptSkillSet;         //访问子类添加的方法和成员

            obj.DisplayDetails();
            obj.DisplaySkillSet();
            Console.ReadKey();
        }
    }
}
```

(3) 编译执行并输出结果，如图 8-6 所示。

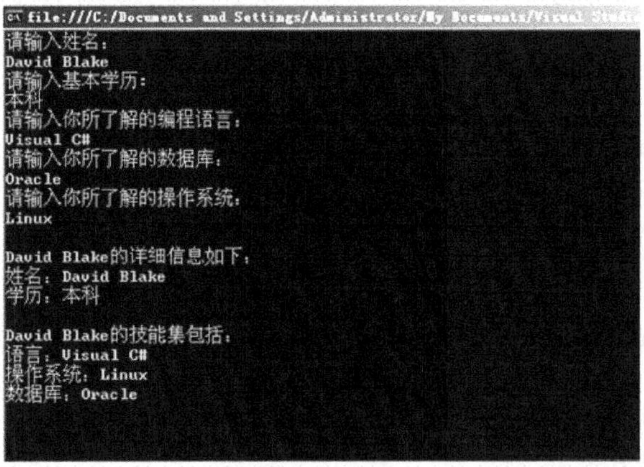

图 8-6

练习2：掌握 base 关键字，调用父类构造方法初始化成员变量，并且掌握继承的传递性

【问题描述】

修改练习1的程序，从 Programmer 类派生出名为.NetProgrammer 的新类，该新类的各个成员变量的数据通过相应的构造方法来接收。调用相应的方法来显示这些信息。

【问题分析】

在以上题目中，.NetProgrammer 新类派生自 Programmer 类，并包含 experience 和 projects 数据成员，以及 DisplayDotNetPrgDetails()方法。创建.NetProgrammer 类的对象，并通过它完成所有赋值。

【参考步骤】

(1) 使用 Visual Studio 2008 新建一个基于控制台的项目。

(2) 将以下代码添加到程序中。

```csharp
using System;

namespace Example
{
    class Employee
    {
        protected string name;
        protected string qualifications;

        //构造函数
        public Employee(string eName, string eQualifications)
        {
            this.name=eName;
            this.qualifications=eQualifications;
        }

        //显示职员的姓名和学历
        public void DisplayDetails()
        {
            Console.WriteLine();
            Console.WriteLine("{0}的详细信息如下： ", this.name);
            Console.WriteLine("姓名： {0}", this.name);
            Console.WriteLine("学历： {0}", this.qualifications);
        }
    }

    class Programmer : Employee
    {
        private string languages;
        private string os;
        private string databases;
```

```
        //派生类构造函数
        public Programmer(string pName, string pQualifications,
                string pLanguages, string pOS, string pDatabases)
            : base(pName, pQualifications)
        {
            this.languages = pLanguages;
            this.os = pOS;
            this.databases = pDatabases;
        }

        //显示程序员的技能集详细信息
        public void DisplaySkillSet()
        {
            Console.WriteLine();
            Console.WriteLine("{0}的技能集包括: ", this.name);
            Console.WriteLine("语言: {0}", this.languages);
            Console.WriteLine("操作系统: {0}", this.os);
            Console.WriteLine("数据库: {0}", this.databases);
        }
    }

class .NetProgrammer : Programmer
{
    private int experience;
    private string projects;

        //构造函数
        public .NetProgrammer(string dName, string dQualifications,
                    string dLanguages, string dOS, string dDatabases,
                    int dExperience, string dProjects)
            : base(dName, dQualifications, dLanguages, dOS, dDatabases)
        {
            this.experience = dExperience;
            this.projects = dProjects;
        }

        //显示成员值
        public void DisplayDotNetPrgDetails()
        {
            Console.WriteLine("工作经验年数: {0}", this.experience);
            Console.WriteLine("项目的详细信息: {0}", this.projects);
        }
    }
class Organization
{
    static void Main(string[] args)
```

```
        {
            //实例化对象，调用派生类的方法，会自动调用父类构造方法
            .NetProgrammer obj = new .NetProgrammer("David Blake",
                "本科生", "Visual C#", "Windows 2003", "Oracle", 6, "基金项目");

            //访问基类的方法
            obj.DisplayDetails();

            //访问派生类的方法
            obj.DisplaySkillSet();

            //访问派生类的方法
            obj.DisplayDotNetPrgDetails();
            Console.ReadKey();
        }
    }
}
```

(3) 编译执行并输出结果，如图 8-7 所示。

图 8-7

◆ **第二阶段** ◆

练习 3：掌握多态的语法，virtual 和 override 关键字的使用

【问题描述】

编写一个控制台应用程序，接收用户输入的两个整数和一个操作符，以实现对两个整数的加、减、乘、除运算并显示出计算结果。使用虚方法实现后期绑定。

【问题分析】

- 创建 Calculate 基类，其中包含两个整型的 protected 成员，用以接收用户输入的两个整数。定义一个 DisplayResult()虚方法，计算并显示结果。
- 定义四个类派生自 Calculate 类，分别重写 DisplayResult()虚方法，实现两个整数的加、减、乘、除运算并输出结果。
- 根据用户输入的操作符，实例化相应的类，完成运算并输出结果。
- 在主类添加一个方法，形参为基类对象，根据传递实参的类型调用方法实现计算和显示结果。

【拓展作业】

创建一个 Shape 类，此类包含一个名为 color 的数据成员(用于存放颜色值)和一个 GetColor 方法(用于获取颜色值)，这个类还包含一个名为 GetArea()的虚方法。用这个类创建名为 Circle 和 Square 的两个子类，这两个类都包含两个数据成员，即 radius 和 sideLen。这些派生类应提供 GetArea()方法的实现，以计算相应形状的面积。

单元 **九**

抽象类和接口

 课程目标

▶ 理解抽象类
▶ 理解接口的用途和编写方法
▶ 了解接口作为参数的作用
▶ 了解接口和抽象类的区别

 **简 介**

在C#中可以通过继承一个类来得到另一个类，但是如果某个类没有明确的现实意义
(没有确定的代码实现)或不应该被实例化，那么如何来定义这样的类呢？这就是本单元要
学习的内容——抽象类和接口。

9.1 抽象类

还记得单元八中讲解多态的 virtual 和 override 关键字的示例吗？再来看一下：

```
class Person
{
    public int age;
    public string name;
    public void Speak()
    {
        Console.WriteLine("你好，我是{0}，还是学生，很高兴认识你！",this.name);
    }
}
class Student : Person
{
    public int stuid;
}
class Teacher : Person
{
    public int teacherid;
}
```

在上面的示例中，Student 类和 Teacher 类都继承了 Person 类，都有 Speak()方法，可
是方法执行的结果都是输出"你好，我是某某，还是学生，很高兴认识你！"。前面也出
现过这个问题，Teacher 类的 Speak()方法不应该这样执行，而且 Person 类的 Speak()方法输
出这句话也不合适，因为 Person 类毕竟不是学生类。其实，Person 类本来只是作为基类，
给其他类派生的，Person 类的 Speak()方法也不确定写什么代码，因为每个人的身份不一样，
说话的处境就不一样，那么我们该怎么办呢？

如果希望一个类专用于作为基类来派生其他类，则可以考虑把这个类定义成抽象类。抽
象类不能被实例化，它是派生类的基础。通过不实现或实现部分功能，这些抽象类用于创建
模板以派生其他类。定义抽象类需要使用 abstract 关键字，语法如下：

```
[访问修饰符] abstract   class 类名{       代码
        }
```

抽象类包含零个或多个抽象方法，也可以包含零个或多个非抽象方法。定义抽象方法

的目的在于指定派生类必须实现这一方法的功能(就是为方法添加代码)。抽象方法只在派生类中才真正实现，定义抽象方法使用 abstract 关键字而不是 virtual，抽象方法只指明方法的返回值类型、方法名称及参数，而不提供方法的实现。一个类只要有一个抽象方法，该类就必须定义为抽象类。例如下面的示例：

```
namespace Test
{
    abstract class Person
    {
        public int age;
        public string name;
        //抽象方法，没有代码实现
        public abstract void Speak();
    }

    class Student : Person
    {
        public int stuid;
        //子类重写抽象类的抽象方法
        public override void Speak()
        {
            Console.WriteLine("你好，我是{0}，还在读书，很高兴认识你！",
                this.name);
        }
    }

    class Teacher : Person
    {
        public int teacherid;
        //子类重写抽象类的抽象方法
        public override void Speak()
        {
            Console.WriteLine("你好，我是{0}，职业是老师，很高兴认识你！",
                this.name);
        }
    }
}
```

在上面的示例中，Person 类使用 abstract 关键字被定义成抽象类，而且包含了一个抽象方法——Speak()，抽象方法只有方法头的定义，没有方法体。这样，Teacher 类和 Student 类可以自己重写抽象方法，各自去执行相应的代码。这里需要注意的是，抽象方法只能定义在抽象类中，而且抽象类不能被实例化。

抽象类可以有构造方法，但该构造方法不能直接被调用而只能由派生类的构造方法调用。下面的代码定义了一个代表动物的抽象类：

```
abstract class Animal
```

```
    {
        protected float weight; //体重
        //构造方法
        protected Animal(float wei)
        {
            this.weight = wei;
        }
        //描述动物奔跑的抽象方法
        public abstract void Run();

        public void Eat()
        {
            Console.WriteLine("动物都进食，否则无法生存！");
        }
    }
```

派生自抽象类的类需要实现基类的所有抽象方法才能实例化，否则该派生类也是抽象类。使用 override 关键字可在派生类中实现抽象方法。下面的代码定义了一个继承自 Animal 的袋鼠类：

```
//派生的袋鼠类
class Kangaroo : Animal
{
    //构造方法
    public Kangaroo(float wei):base(wei)
    { }
    //实现基类的抽象方法
    public override void Run()
    {
        Console.WriteLine("袋鼠用跑跳的方式奔跑！");
    }

    public void ShowInfo()
    {
        Console. WriteLine("袋鼠的体重是：" + this.weight + "千克");
    }
}
```

用override实现基类的抽象方法时，方法的签名必须与基类的方法相同。用下面的Main()方法测试Kangaroo类：

```
static void Main(string[] args)
{
    Kangaroo k = new Kangaroo(80.5f);
    k.Eat();
    k.Run();
    k.ShowInfo();
```

```
        Console.ReadKey();
    }
```

首先实例化一个袋鼠对象，调用该对象从抽象类继承的 Eat()方法，然后调用重写的 Run()
方法，最后调用新增加的 ShowInfo()方法显示出袋鼠的体重，输出结果如图 9-1 所示。

图 9-1

袋鼠类的 Run()方法已经实现，则其不再是抽象方法，如果其他类再继承自袋鼠类，
则不需要再实现 Run()方法。

抽象类并不仅仅是一种技巧，它更代表一种抽象的概念，从而为所有的派生类确立一
种"约定"。

9.2 接口

接口是一个只说明应该做什么但不能指定如何做的"更加纯粹的抽象类"。接口定义
了一种约定，实现接口的类必须遵循该约定。"开关"是用来控制电器设备通电与否的，
它是接口在现实世界的一个类比。开关的作用在于打开或关闭某个设备，开关的形式也有
很多种，如拉线开关、双位开关等，开关接口具有开和关两种功能，那么所有的开关都必
须实现这两种功能，否则就不是开关。

抽象类中可以有已经实现的方法，但接口中不能包含任何实现了的方法。一个类对接
口的实现与派生类实现基类方法的重写一样，只是接口中的所有方法都必须在派生类中实
现。接口的作用在于指明实现此特定接口的类必须实现该接口列出的所有成员，它指明了
一个类必须具有哪些功能。定义接口需要使用 interface 关键字，语法如下：

```
[修饰符] interface  接口名
{
    接口主体
}
```

在 C#中定义一个接口时，需要注意以下几点。
- 接口中只能声明方法、属性、索引器和事件。
- 接口不能声明字段、构造方法、常量和委托。
- 接口的成员默认是 public 的，如果明确指定成员的访问级别会报编译错误。
- 接口中所有的方法、属性和索引器都必须没有实现。
- C#中的接口以大写字母 I 开头。

下面的代码定义了一个只包含一个方法的画图接口：

```
//画图接口
interface IDraw
{
    void Draw() ;
}
```

9.2.1   使用接口

定义接口的目的就是让其他类来实现，下面的代码定义了一个圆类，它实现了上面的 IDraw 接口。

```
class Circle : IDraw
{
    private float radius; //圆的半径
    //构造方法
    public Circle(float r)
    {
        this.radius = r;
    }
    //存取圆的半径的属性
    public float Radius
    {
        get     {        return this.radius;        }
        set     {        this.radius = value;       }
    }
    //实现接口的方法
    public void Draw()
    {
        Console.WriteLine("画一个半径为{0}厘米的圆！",this.radius);
    }
}
```

本例中的 Circle 类实现了 IDraw 接口，从本例可以得出以下结论：

- 类实现接口与继承一样，需要使用冒号运算符。
- 与抽象类不同的是，类是实现了接口中的方法而不是重写，所以实现接口的方法时不需要 override 关键字。

用下面的 Main()方法去测试 Circle 类：

```
class Program
{
    static void Main(string[] args)
    {
        Circle c = new Circle(10);
        c.Draw();
```

```
        Console.ReadKey();
    }
}
```

结果如图 9-2 所示。

图 9-2

9.2.2　继承基类并实现接口

一个类既可以派生自另一个类，还可以同时实现某个接口。下面的代码定义了一个代表坐标点的类，该类将被 Circle 类继承。

```
class Point
{
    protected int pointx, pointy; //点的横纵坐标
    public Point(int x,int y) //构造方法
    {
        this.pointx = x;
        this.pointy = y;
    }
    public int Pointx //存取横坐标的属性
    {
        get     {       return this.pointx;     }
        set     {       this.pointx = value;    }
    }
    public int Pointy //存取纵坐标的属性
    {
        get     {       return this.pointy;     }
        set     {       this.pointy = value;    }
    }
}
```

修改 Circle 类，使其继承 Point 类并实现 IDraw 接口：

```
class Circle : Point,IDraw
{
    private float radius;
    //构造方法
    public Circle(int x,int y,float r):base(x,y)
    {
        this.radius = r;
    }
    public float Radius //存取半径的属性
```

```
    {
        get     {       return this.radius;     }
        set     {       this.radius = value;    }
    }
    //实现接口的方法
    public void Draw()
    {
        Console.WriteLine("画一个坐标原点为{0}和{1}，半径为{2}厘米的圆！",
            this.pointx,this.pointy,this.radius);
    }
}
```

Circle 类通过继承 Point 类又多了两个字段，所以需要修改构造方法为这三个字段赋值，同时修改接口的 Draw()方法输出完整的信息。用下面的 Main()方法测试 Circle 类：

```
static void Main(string[] args)
{
    Circle c = new Circle(2,3,10);
    c.Draw();
    Console.ReadKey();
}
```

运行结果如图 9-3 所示。

图 9-3

注意

一个类继承基类同时又实现接口时，基类名要写在接口名的前面。如果将上例中的 Circle 类写成如下的形式，则编译报错：

```
class Circle : IDraw，Point
```

9.2.3　多重接口实现

C#不允许多重继承，也就是一个类不能同时派生自多个类。但 C#允许多重接口实现，也就是说，一个类可以同时实现多个接口。下面的代码定义了一个打印接口 IPrint，让 Circle 类在继承 Point 类的同时还实现了 IDraw 和 IPrint 这两个接口：

```
//打印接口
interface IPrint
{
    void Print();
}
class Circle : Point,IDraw,IPrint
```

```
{
    private float radius;
    //构造方法
    public Circle(int x,int y,float r):base(x,y)
    {
        this.radius = r;
    }
    public float Radius //存取半径的属性
    {
        get     {       return this.radius;     }
        set     {       this.radius = value;    }
    }
    //实现 IDraw 接口的方法
    public void Draw()
    {
        Console.WriteLine("画一个坐标原点为{0}和{1}，半径为{2}厘米的圆！",
                        this.pointx,this.pointy,this.radius);
    }
    //实现 IPrint 接口的方法
    public void Print()
    {
        Console.WriteLine("把圆打印在纸上！");
    }
}
```

实现多个接口只需要在定义类时在后面添加一个逗号和接口名，然后在类的代码中实现新接口的所有方法就可以了。用下面的 Main()方法测试该类：

```
static void Main(string[] args)
{
    Circle c = new Circle(2,3,10);
    c.Draw();
    c.Print();
    Console.ReadKey();
}
```

输出结果如图 9-4 所示。

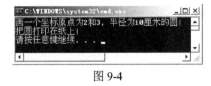

图 9-4

9.2.4　is 和 as 关键字

上面的代码中把一种类型的实例转换为另一种类型的实例，如果实例 c 没有实现 IDraw

接口，则这种转换就会报运行时错误。那么如何知道一个实例是不是另一个类型呢？可以使用 is 关键字。为了安全起见，Main()方法的代码可以修改为：

```
static void Main(string[] args)
{
    Circle c = new Circle(2,3,10);
    c.Print();
    if (c is IDraw)
    {
        IDraw d = (IDraw)c;
        d.Draw();
    }
    if (c is IDraw3D)
    {
        IDraw3D d3d = (IDraw3D)c;
        d3d.Draw();
    }
    Console.ReadKey();
}
```

is 关键字的作用是测试一个实例是否是某种类型，如果是，则返回 true，否则返回 false。在该 Main()方法中，c is IDraw 如果返回 true，说明 c 是 IDraw 类型的实例，则这时再使用类型转换就不会发生任何问题了。is 关键字后面可以接类、接口、基本数据类型、结构和枚举等。

除了 is 之外还有一个关键字 as 也可以测试一个实例是否是某个类型。上面的代码还可以改写成为：

```
static void Main(string[] args)
{
    Circle c = new Circle(2,3,10);
    c.Print();
    IDraw d = c as IDraw;
    if (d != null)
    {
        d.Draw();
    }
    IDraw3D d3d = c as IDraw3D;
    if (d3d != null)
    {
        d3d.Draw();
    }
    Console.ReadKey();
}
```

as 关键字在测试的同时把实例转换为另一种类型，如果转换不成功，则返回 null。上面两个 Main()方法的运行结果和改写之前完全一样。

9.2.5 接口绑定

接口绑定就是把不同的接口合在一起变成一个新的接口，可以把前面的 IDraw 和 IPrint 这两个接口合成一个接口。代码如下：

```
interface IDrawAndPrint : IDraw , IPrint
{
    void Show();
}
```

经过绑定后接口 IDrawAndPrint 就有三个方法，任何继承该接口的类必须实现所有的方法才能实例化。

9.2.6 接口作为参数的意义

接口作为方法的参数，实际上要接收的是一个实现这个接口的对象。每个实现该接口的对象代码不一样，那么传递给方法执行时的结果也就不一样。通过接口也就实现了多态。

9.2.7 接口小结

通过前面的讲解，应该对接口有了一些了解和体会。下面来做一个总结。

- 接口是对继承单一性的扩展。前面讲解过，类只能有一个父类，也就是说，类只能继承一个类，但是类可以实现多个接口，并且实现接口的同时还可以继承其他类。
- 接口是一种标准和规范。一个类一旦实现了某个接口，就必须实现接口中的所有方法。
- 接口隐藏了实现的具体细节。用户不必关心代码是如何实现的，只需要调用相应的功能就可以了。

9.3 接口和抽象类的区别

接口和抽象类有着很多的相同点，例如，它们都不能实例化，都必须被子类实现相应的方法(抽象类中的抽象方法)。表 9-1 列举了接口和抽象类的相同点和不同点。

表 9-1

	接　　口	抽　象　类
相同点	都不能被实例化	
	包含有未实现的方法	
	子类必须实现所有未实现的方法	
不同点	interface 关键字	abstract 关键字
	子类可以实现多个接口	子类只能继承一个抽象类
	直接实现方法	使用 override 关键字实现

抽象类和接口都被广泛用来实现代码的多态和重用性。

【单元小结】

- 抽象方法是没有代码实现的方法，使用 abstract 关键字修饰。
- 抽象类是指包含 0 到多个抽象方法(尚未实现的方法)的类，抽象类不能实例化，含有抽象方法的类必须是抽象类。
- 重写抽象类的方法要使用 override 关键字。
- 接口中只定义方法的原型，接口中不能有字段和常量。
- 继承接口的类必须实现接口中所有的方法才能实例化。

【单元自测】

1. 关于抽象类下面说法错误的是(　　)。
   A. 抽象类可以包含非抽象方法
   B. 含有抽象方法的类一定是抽象类
   C. 抽象类不能被实例化
   D. 抽象类可以是密封类

2. 接口和类的区别在于(　　)。
   A. 类可以继承而接口不可以
   B. 类不可以继承而接口可以
   C. 类可以多继承而接口不可以
   D. 类不可以多继承而接口可以

3. 在 C#中，假设 Person 是一个类，而 ITeller 是一个接口，下面的(　　)类定义是正确的。
   A. class Employee : Person , ITeller
   B. class Employee : ITeller , Person
   C. class Employee - Person , ITeller
   D. class Employee : Person /ITeller

4. 已知接口中有一个 Show()方法，下面对该方法原型的定义正确的是(　　)。
   A. public void Show()
   B. public virtual void Show()
   C. void Show()
   D. virtual void Show()

【上机实战】

上机目标

- 掌握抽象类的定义和使用。
- 掌握接口的定义和使用。
- 熟练掌握 IComparable<T>接口的实现。
- 掌握 IComparer<T>接口实现多种排序方式。

上机练习

◆　**第一阶段**　◆

练习1：抽象类的定义和实现

【问题描述】

编写一个程序以实现家用电器的层次结构，此层次结构将包含电器 ElectricEquipment 抽象类和空调类 AirCondition。ElectricEquipment 类应包含一个表示电器工作的 Working() 方法，该方法应该在子类中被实现。

【问题分析】

本练习主要是巩固课堂上所讲的抽象类以及抽象类的继承和抽象方法的实现。可以在电器类中添加一个代表功率的字段，电器工作的方式很多，所以 Working()方法应该被定义为抽象方法。空调类实现该方法的具体功能。

【参考步骤】

(1) 新建一个名为 AbstractClassTest 的控制台应用程序。

(2) 选择"项目"|"添加类"命令，将文件名改为 ElectricEquipment。在该类中添加如下代码。

```
abstract class ElectricEquipment
{
    protected int electricpower; //功率
    //构造方法
    protected ElectricEquipment(int power)
    {
        electricpower = power;
    }
    //电器工作的抽象方法
    public abstract void Working();
}
```

(3) 选择"项目"|"添加类"命令，将文件名改为 AirCondition。在该类中添加如下代码。

```
class AirCondition:ElectricEquipment
{
    public AirCondition(int p) : base(p)
    { }
    public override void Working()
    {
        Console.WriteLine("空调在功率" + this.electricpower
                + "下可以制冷也可以制热！");
```

```
        }
    }
```

(4) 修改 Main()方法，测试这两个类。

```
static void Main(string[] args)
{
    AirCondition ac = new AirCondition(1500);
    ac.Working();
    Console.ReadKey();
}
```

(5) 执行程序，输出结果如图 9-5 所示。

图 9-5

◆ 第二阶段 ◆

练习 2：使用接口实现多态

【问题描述】

定义一个接口，接口名为 ICard，其中定义一个成员方法，方法名自定义，方法要实现的功能是对电话卡进行扣款。

定义两个子类，实现 ICard 接口，实现其中的扣款方法，一个类实现 201 卡(前三分钟 0.2 元，之后每分钟 0.1 元)的扣款功能，一个类实现校园卡(每分钟 0.1 元)的扣款功能。每个类有一个成员变量 banlance 保存余额，默认为 100。

 提示

在 Main()方法中实现输入功能，根据用户选择拨打号码的类型和拨打时间(拨打时间作为扣款方法的参数)进行扣款，并且提示卡上余额。

【问题分析】

- 定义 ICard 接口，其中含有一个方法成员。
- 定义两个类，分别描述 201 卡和校园卡，实现接口的方法——实现扣款，并提示余额。两个类添加成员变量 banlance 表示卡上余额。
- 在主类中添加静态方法，形参是接口对象，统一进行扣款。

【拓展作业】

编写一个程序以演示抽象类和接口。定义一个 Employee 抽象类，使其包含 name 和 salary 属性以及 Print()抽象方法。类似地，定义 IPromotable 接口和 IGoodStudent 接口，使它们都包含 Promote()方法。从 Employee 类派生出 Intern 类，使其包含存储实习期的属性，从 Employee 类和 IPromotable 接口派生出 Programmer 类，从 Employee 类和 IPromotable 以及 IGoodStudent 接口派生出 Manager 类。Programmer 和 Manager 派生类将分别具有 averageOT 和 secretaryName 属性。

 提示

两个接口都包含要在派生类中实现的 Promote()方法。Employee 抽象类包含一个 Print()方法，用于输出职员的姓名和薪水。通过调用 Print()基类方法输出平均加班时间，Programmer 类对 Print()方法进行重写。接口的 Promote()方法在 Manager 类中实现，用于显示薪水和与经理有关的一些信息。

单元 +

常 用 类

 课程目标

▶ 掌握 Math 类

▶ 掌握 Random 类

▶ 掌握 DateTime 类

▶ 掌握 String 的用法

▶ 掌握 StringBuilder 的用法

▶ 掌握简单正则表达式的用法

 简 介

在.NET框架类库中封装了很多基础的功能，如使用数学函数、求随机数、求日期和时间等，当需要使用这些功能的时候，可以直接调用.NET类库中对应的类，进而使用这些类封装好的对应功能，我们把这些类叫作常用类。

10.1 Math 类

Math 类是一个静态类，它为通用数学函数提供常数和静态方法，如表 10-1 所示。

表 10-1

方　　法	说　　明
Abs()	已重载。返回指定数字的绝对值
Acos()	返回余弦值为指定数字的角度
Asin()	返回正弦值为指定数字的角度
Atan()	返回正切值为指定数字的角度
Atan2()	返回正切值为两个指定数字的商的角度
Ceiling()	已重载。返回大于或等于指定数字的最小整数
Cos()	返回指定角度的余弦值
Cosh()	返回指定角度的双曲余弦值
DivRem()	已重载。计算两个数字的商，并在输出参数中返回余数
Exp()	返回e的指定次幂
Floor()	已重载。返回小于或等于指定数字的最大整数
Log()	已重载。返回指定数字的对数
Log10()	返回指定数字以10为底的对数
Max()	已重载。返回两个指定数字中较大的一个
Min()	已重载。返回两个指定数字中较小的一个
Pow()	返回指定数字的指定次幂
Round()	已重载。将值舍入到最接近的整数或指定的小数位数
Sign()	已重载。返回表示数字符号的值
Sin()	返回指定角度的正弦值
Sinh()	返回指定角度的双曲正弦值
Sqrt()	返回指定数字的平方根
Tan()	返回指定角度的正切值
Tanh()	返回指定角度的双曲正切值
Truncate()	已重载。计算一个数字的整数部分

- 向上进位取整：Math.Ceiling。

例如：

```
Math.Ceiling(32.6)=33; Math.Ceiling(32.0)=32;
```

- 向下舍位取整：Math.Floor。

例如：

Math.Floor(32.6)=32;

- 取指定位数的小数：Math.Round。

例如：

Math.Round(36.236,2)=36.24; Math.Round(36.232,2)=36.23;

- 取指定数字在使用指定底时的对数：Math.Log。

例如：一本 16 开的书，计算对开了几次。

Math.Log(16,2)=4;

10.2 Random 类

Random类表示伪随机数生成器，它是一种能够产生满足某些随机性统计要求的数字序列的设备，其方法如表 10-2 所示。

表 10-2

方　法	说　明
Next()	已重载。返回随机数
NextBytes()	用随机数填充指定字节数组的元素
NextDouble()	返回一个介于 0.0 和 1.0 之间的随机数
Sample()	返回一个介于 0.0 和 1.0 之间的随机数
ToString()	返回表示当前Object的String(继承自Object)

Random类是一个产生伪随机数字的类，它的构造函数有两种：一个是直接函数New Random()，另外一个是New Random(Int32)函数；前者是根据触发那一刻的系统时间作为种子，来产生一个随机数字，后者可以自己设定触发的种子，一般都是用UnCheck((Int)DateTime.Now.Ticks)作为参数种子。因此，如果计算机运行速度很快，触发Random函数间隔时间很短，就有可能产生一样的随机数，因为伪随机的数字在Random的内部产生机制中还是有一定规律的，并非是真正意义上的完全随机。

对于随机数，大家都知道，计算机不可能产生完全随机的数字。所谓的随机数发生器都是通过一定的算法对事先选定的随机种子做复杂的运算，用产生的结果来近似地模拟完全随机数，这种随机数被称作伪随机数。伪随机数是以相同的概率从一组有限的数字中选取的。所选数字并不具有完全的随机性，但是从实用的角度而言，其随机程度已足够了。伪随机数的选择是从随机种子开始的，所以为了保证每次得到的伪随机数都足够地"随机"，随机种子的选择就显得非常重要。如果随机种子一样，那么同一个随机数发生器产生的随机数也会一样。一般地，使用同系统时间有关的参数作为随机种子，这也是.NET Framework

中的随机数发生器默认采用的方法。

可以使用以下两种方式初始化一个随机数发生器。

(1) 不指定随机种子，系统自动选取当前时间作为随机种子。

```
Random ran = new Random();
```

(2) 可以指定一个 int 型参数作为随机种子。

```
int iSeed = 10;
Random ro = new Random(10);
long tick = DateTime.Now.Ticks; //DataTime.Now.Ticks 的值表示自 0001 年 1 月 1 日午夜 12:00:00
    以来所经历的以 100ns 为间隔的间隔数
Random ran = new Random((int)(tick & 0xffffffffL) | (int) (tick >> 32));
```

这样可以保证 99% 不是一样。

之后就可以使用这个 ro 对象来产生随机数，这时要用到 Random.Next()方法。这个方法使用相当灵活，甚至可以指定产生的随机数的上下限。

不指定上下限的使用如下：

```
int iResult = ro.Next();
```

下面的代码指定返回小于 100 的随机数：

```
int iResult = ro.Next(100);
```

而下面这段代码则指定返回值必须在 50～100 的范围之内：

```
int iResult = ro.Next(50,100);
```

除了 Random.Next()方法之外，Random 类还提供了 Random.NextDouble()方法产生一个范围在 0.0~1.0 之间的随机的双精度浮点数：

```
double dResult = ro.NextDouble();
```

在做能自动生成试卷的考试系统时，常常需要随机生成一组不重复的题目，但是用 Random 类生成题号，会出现重复，特别是在数量较小的题目中要生成不重复的题目是很难的，可以使用一些数据结构和算法来实现。

```
class Program
{
    static void Main(string[] args)
    {
        Random ra = new Random();
        int[] arrNum = new int[10];
        int tmp = 0;
        int minValue = 1;
        int maxValue = 10;
        for (int i = 0; i < 10; i++)
```

```
        {
            tmp = ra.Next(minValue, maxValue);     //随机取数
            //取出值赋到数组中
            arrNum[i] = getNum(arrNum, tmp, minValue, maxValue, ra);
        }
        for (int i = 0; i < arrNum.Length; i++ )
        {
            Console.WriteLine(arrNum[i]);
        }
    }

public static int getNum(int[] arrNum, int tmp, int minValue, int maxValue, Random ra)
    {
        int n = 0;
        while (n <= arrNum.Length - 1)
        {
            if (arrNum[n] == tmp)    //利用循环判断是否有重复
            {
                tmp = ra.Next(minValue, maxValue);   //重新随机获取
                //递归:如果取出来的数字和已取得的数字有重复就重新随机获取
                getNum(arrNum, tmp, minValue, maxValue, ra);
            }
            n++;
        }
        return tmp;
    }
}
```

10.3 DateTime 结构

DateTime 是一个结构体，它表示时间上的一刻，通常以日期和当天的时间表示。构造函数如表 10-3 所示。

表 10-3

函 数 名 称	说 明
DateTime()	已重载。初始化DateTime结构的新实例

静态属性如表 10-4 所示。

表 10-4

属 性 名 称	说 明
Now	静态属性，返回当前的日期和时间
Today	静态属性，返回当前日期

方法如表 10-5 所示。

表 10-5

方 法 名 称	说　　　明
Add()	将指定的 TimeSpan 的值加到此实例的值上
AddDays()	将指定的天数加到此实例的值上
AddHours()	将指定的小时数加到此实例的值上
AddMilliseconds()	将指定的毫秒数加到此实例的值上
AddMinutes()	将指定的分钟数加到此实例的值上
AddMonths()	将指定的月份数加到此实例的值上
AddSeconds()	将指定的秒数加到此实例的值上
AddTicks()	将指定的刻度数加到此实例的值上
AddYears()	将指定的年份数加到此实例的值上
DaysInMonth()	返回指定年和月中的天数
GetDateTimeFormats()	已重载。将此实例的值转换为标准 DateTime 格式说明符支持的所有字符串表示形式
IsLeapYear()	返回指定的年份是否为闰年的指示
Parse()	已重载。将日期和时间的指定字符串表示形式转换为其等效的 DateTime
ParseExact()	已重载。将日期和时间的指定字符串表示形式转换为其等效的 DateTime。字符串表示形式的格式必须与指定的格式完全匹配
SpecifyKind()	创建新的 DateTime 对象，该对象表示与指定的 DateTime 相同的时间，但是根据指定的 DateTimeKind 值的指示,指定为本地时间或协调通用时间(UTC)，或者两者皆否
Subtract()	已重载。从此实例中减去指定的时间或持续时间
ToBinary()	将当前 DateTime 对象序列化为一个 64 位的二进制值，该值随后可用于重新创建 DateTime 对象
ToLocalTime()	将当前 DateTime 对象的值转换为本地时间
ToLongDateString()	将当前 DateTime 对象的值转换为其等效的长日期字符串表示形式
ToLongTimeString()	将当前 DateTime 对象的值转换为其等效的长时间字符串表示形式
ToShortDateString()	将当前 DateTime 对象的值转换为其等效的短日期字符串表示形式
ToShortTimeString()	将当前 DateTime 对象的值转换为其等效的短时间字符串表示形式
ToString()	已重载。将当前 DateTime 对象的值转换为其等效的字符串表示形式
ToUniversalTime()	将当前 DateTime 对象的值转换为协调通用时间(UTC)
TryParse()	已重载。将日期和时间的指定字符串表示形式转换为其等效的 DateTime
TryParseExact()	已重载。将日期和时间的指定字符串表示形式转换为其等效的 DateTime。字符串表示形式的格式必须与指定的格式完全匹配

获取今天的日期:

```
DateTime.Now.ToShortDateString();
```

获取昨天的日期:

```
DateTime.Now.AddDays(-1).ToShortDateString();
```

获取明天的日期：

```
DateTime.Now.AddDays(1).ToShortDateString();
```

此外关于日期我们还需要知道的是在 C#中每一周都是从星期日开始，星期六结束，下面我们通过一个例子来演示获取本周第一天和最后一天的日期，以及今天是星期几。

```
using System;

namespace Demo
{
    class Program
    {
        static void Main(string[] args)
        {
            //获取此刻时间信息存于 now 变量
            DateTime now = DateTime.Now;
            //获取今天星期几  其会返回枚举类型值(sunday,monday...)，对应从星期天到星期一
            DayOfWeek now_dayOfWeek= now.DayOfWeek;
            //将今天星期几转换成 int
            int now_dayofWeek_ToInt = Convert.ToInt16(now_dayOfWeek);
            //获取本周第一天(也就是星期天)的日期
            //因为一周是从 0 开始，如果今天是星期 n，那么星期天是 n 天前
            DateTime firstDayOfThisWeek=DateTime.Now.AddDays(-now_dayofWeek_ToInt);
            //获取本周最后一天(也就是星期六)的日期
            //因为一周是从 0 开始，以 6 结束，如果今天是星期 n，那么星期六是 6-n 天后
            DateTime endDayOfThisWeek = DateTime.Now.AddDays(6-now_dayofWeek_ToInt);
            //定义一个数组，和一周的 7 天对应
            string[] Day = new string[] { "星期日", "星期一", "星期二", "星期三", "星期四",
                "星期五", "星期六" };
            //输出今天星期几
            Console.WriteLine(Day[now_dayofWeek_ToInt]);
            //输出本周第一天的日期
            Console.WriteLine(firstDayOfThisWeek.ToShortDateString());
            //输出本周最后一天的日期
            Console.WriteLine(endDayOfThisWeek.ToShortDateString());
            Console.ReadKey();
        }
    }
}
```

10.4　System.String 类

System.String 是一个专门用来存储字符串的类，该类允许对字符串进行许多操作。由于这种数据类型非常重要，C#提供了专门的关键字和相关的语法，以便于使用这个类来处理字符串。例如，可以使用运算符重载来连接字符串：

```
string str = "Hello";
str += "World";
string str2 = str + "abc";
```

C#还允许使用类似索引器的语法来提取字符串中的字符：

```
string mes = "MicrosoftVisualStudio2008";
char character = mes[5];    //得到字符's'
```

这个类可以完成许多常见的任务，如替换字符、删除空白等。该类有一个实例属性Length 返回字符串中包含的字符的个数，该类的常用实例方法如表 10-6 所示。

表 10-6

实 例 方 法	作　　用
CompareTo()	比较字符串的内容是否相等，相等返回 0
Contains()	判断字符串中是否包含另一个小的字符串
CopyTo()	把特定数量的字符从字符串中选定的下标开始复制到数组中
EndsWith()	判断字符串是否以指定的字符串结尾
IndexOf()	返回某个字符或某个小的字符串在字符串中出现的索引，未出现返回-1
IndexOfAny()	返回字符数组中任意一个字符最先出现的索引，未出现返回-1
Insert()	在指定的索引处插入一个新的字符串
LastIndexOf()	返回某个字符或某个小的字符串在字符串中出现的索引，从后往前计算
LastIndexOfAny()	返回字符数组中任意一个字符最先出现的索引，从后往前计算
Remove()	从指定索引处开始删除指定数量的字符，返回删除后的字符串
Replace()	替换字符串中指定的字符或字符串
Split()	将字符串分隔为小的字符串数组
StartsWith()	判断是否以指定的字符串开始
Substring()	提取一个小的字符串
ToCharArray()	得到字符串对应的字符数组
ToLower()	得到字符串对应的全部小写形式
Trim()	删除字符串两端的指定字符

运行下面的代码：

```
string mes = "MicrosoftVisualStudio2008";
Console.WriteLine("mes 包含 Visual 吗：" + mes.Contains("Visual"));
Console.WriteLine("mes 是以 2008 结尾的吗：" + mes.EndsWith("2008"));
Console.WriteLine("mes 中 Visual 出现的位置是：" + mes.IndexOf("Visual"));
Console.WriteLine("mes 中从索引 3 开始的 5 个字符是：" +
mes.Substring(3, 5));
Console.WriteLine("mes 从索引 3 删除 5 个字符后为：" + mes.Remove(3,5));
Console.ReadKey();
```

可以得到如图 10-1 所示的结果。

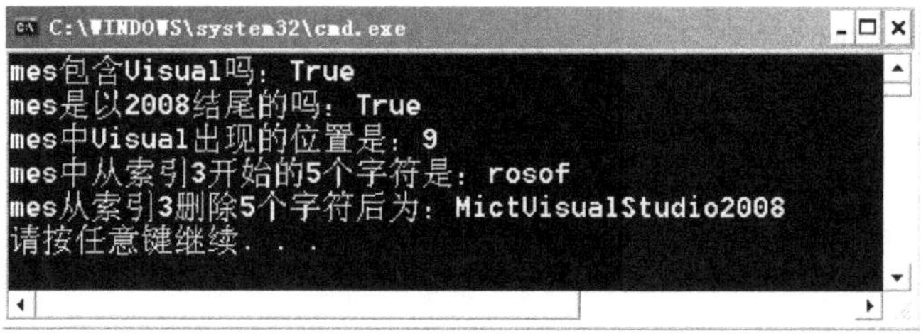

图 10-1

System.String 这个类除了具有很多实例方法外还具有一个代表空字符串的静态属性 Empty 和一些静态方法，常用的静态方法如表 10-7 所示。

表 10-7

静 态 方 法	作 用
Concat()	连接多个字符串
Format()	格式化字符串
Join()	用指定的分隔符连接多个字符串
IsNullOrEmpty()	测试字符串引用是否为 null 或 string.Empty

以上静态方法中 Format()方法是一个非常常用的方法，在实际开发中我们经常需要对变量进行拼接以获得有意义的字符串，举例如下：

```
using System;

namespace StringFormat
{
    class Program
    {
        static void Main(string[] args)
        {
            string Name = "李杨";
            int Age = 30;
            //通过拼接的方式，将字符串和变量拼接成一个长字符串
            string str = "我的名字是"+ Name+"，今年"+ Age + "岁";
            Console.WriteLine(str);
            Console.ReadKey();
        }
    }
}
```

上面代码用 "+" 实现的字符串和变量的拼接，在变量少的时候这种方法使用起来没有问题，但是一旦变量多了，繁多的引号会让代码看起来冗长杂乱，此时使用 String.Format() 方法会使得我们的代码更加简洁，代码如下：

```
using System;
```

```
namespace StringFormat
{
    class Program
    {
        static void Main(string[] args)
        {
            string Name = "李杨";
            int Age = 30;
            //使用string.Format()方法，Format意思为格式，{0}、{1}是占位符，为字符串后面两个
              变量占位
            //字符串中的第一个变量使用的占位符为0，第二个为1，以此类推
            //返回的字符串会将变量融入到方法第一个字符串代表的格式中
            string str = string.Format("我的名字是{0}，今年{1}岁", Name, Age);
            Console.WriteLine(str);
            Console.ReadKey();
        }
    }
}
```

从上述代码中我们可以看到，string.Format()方法相较用"+"拼接字符串和变量的方法，在逻辑上更加清晰，写起来更容易。

然而语言是不断进步的，从 C# 6 开始，C#引入了内插字符串的语法，使用$ "字符串{变量 1}字符串{变量 2}" 的语法糖进一步简化了将变量拼接进入字符串的语法。还是针对上面的例子，实现代码如下：

```
using System;
namespace StringFormat
{
    class Program
    {

        static void Main(string[] args)
        {
            string Name = "李杨";
            int Age = 30;
            //$符号放在字符串双引号之前，代表使用字符串内插，变量置于{}内实现将变量插入
              字符串中
            string str = $"我的名字是{Name}，今年{Age}岁";
            Console.WriteLine(str);
            Console.ReadKey();
        }
    }
}
```

我们可以看到使用字符串内插语法更加简洁清晰，将变量拼接到字符串中的操作是非常常用的，希望读者朋友在开发中尽可能多地使用字符串内插语法，这样不但开发时效率

更高，阅读代码时，逻辑也更清晰。同时从这三种语法的演变过程中我们也应该认识到技术是不断更新迭代的，应该不断学习，不能因循守旧。

如上所述，string 类是一个功能非常强大的类，但是它也有一个问题：重复修改给定的字符串，效率会很低，因为 string 类实际上是一个不可改变的数据类型，一旦对该类型的对象进行了初始化，该字符串对象就不能改变了。任何修改字符串内容的方法和运算符实际上是创建一个新的字符串并将引用变量指向新创建的字符串对象，这时旧的字符串对象就被撤销了引用，即不再有变量引用它，下一次垃圾收集器清理未使用的对象时就会把它删除。string 类的这种工作方式对于少量的字符串修改操作没有问题，但对于很频繁的插入、删除或替换操作就会明显地降低性能。为了解决这个问题，Microsoft 提供了 System.Text.StringBuilder 类。

10.5 StringBuilder 类

StringBuilder 类不具有 String 类的强大功能，在 StringBuilder 上可以进行的操作仅限于添加、删除和替换字符串中的文本，但是它的工作效率很高。

在使用 System.String 类构造一个字符串时，要给它分配足够的内存空间来保存字符串，但 StringBuilder 通常分配的内存比需要的多，可以选择合适的构造方法来显式指定 StringBuilder 要分配多少内存，如果没显式指定内存大小，默认情况下就根据 StringBuilder 初始化时的字符串长度来确定。

该类的常用构造方法如表 10-8 所示。

表 10-8

构 造 方 法	说　　明
StringBuilder()	无参数，构造一个空字符串
StringBuilder(string value)	初始字符串
StringBuilder(string value,int capacity)	初始字符串和初始容量

StringBuilder 对象有两个主要的属性 Length 和 Capacity，Length 属性指定字符串的实际长度，Capacity 是字符串占据的内存的长度。

对字符串的修改就在赋予 StringBuilder 实例的内存中进行，这就避免了不断地进行内存的分配，从而大大提高了修改字符串的效率。看下面的例子：

```
StringBuilder sb = new StringBuilder("Hello",100);
sb.Append("World"); //追加一个字符串
```

在这个例子中，把初始容量设为 100，而初始字符串只占用了很少的空间，这样当运行第二行代码时就不需要重新分配新的空间，直接把 World 添加到 Hello 的后面就可以了。

StringBuilder 类的主要方法如表 10-9 所示。

表 10-9

方　　法	作　　用
Append()	给当前字符串追加一个字符串或其他对象
Insert()	在当前字符串中插入一个子字符串
Remove()	从当前字符串中删除字符
Replace()	将字符串中的一部分字符替换为其他的字符
ToString()	把当前字符串转换为 string 对象

　　不能把 StringBuilder 直接转换为 String，显式转换或隐式转换都不行。如果要把 StringBuilder 的内容输出为 String，唯一的办法就是使用它的 ToString()方法。

10.6　正则表达式

　　处理简单的字符串问题，用上面学习的 String 和 StringBuilder 类就够了。但处理复杂的字符串问题，如从网页代码中提取所有的超链接信息时用上面的两个类需要编写相当多的代码，这时如果使用正则表达式来完成这个功能可能只需要几行的代码。

　　正则表达式可以看作是一种特定功能的小型编程语言：在大的字符串表达式中定位一个子字符串。.NET 框架专门提供了 System.Text.RegularExpressions 这个命名空间来支持正则表达式。

10.6.1　System.Text.RegularExpressions 命名空间

　　在.NET 中实现正则表达式的关键是 System.Text.RegularExpressions 命名空间，它包含下面的 8 个类。

- Regex——包含正则表达式，以及使用正则表达式的各种方法。
- MatchCollection——包含一个正则表达式找到的所有匹配项。
- Match——包含一次匹配中所有匹配的文本。
- GroupCollection——包含一次匹配中的所有分组。
- Group——包含一个分组集合中一个组的细节。
- CaptureCollection——包含一个组的所有 Capture 对象。
- Capture——返回组内一次捕获所匹配的字符串。

上述类中最重要的是 Regex 类，其他的类提供了专门的函数，但并不常用。

10.6.2　Regex 类

　　Regex 类不仅可以用来创建正则表达式，而且提供了许多有用的方法，以使用正则表达式来操作字符串数据。例如，搜索字符模式或进行复杂的查找和替换。如果要把一个正则表达式重复用于不同的字符串，就可以创建一个 Regex 对象。但是，该类的许多方法是静态的，也就是说，如果正则表达式只使用一次，那么直接使用所需方法要比创建一个 Regex 对象更加有效。如果要使用静态的 Replace()方法，可以编写如下代码：

Regex.Replace(string　input, string　pattern,　string　replacement)

Regex 类支持许多选项，这些选项改变了正则表达式语法工作的方式，表 10-10 给出了常用的一些选项。

表 10-10

标　　志	描　　　　述
IgnoreCase	忽略大小写，默认是区分大小写的
None	不设定标志，这是默认选项
MultiLine	指定了^和$可以匹配行的开头和结尾，以及字符串的开头和结尾。也就是说，使用换行符分隔，在每一行都能得到不同的匹配。但"."仍然不匹配换行符

只有掌握了正确的正则表达式语法上面的选项才有意义。默认状态下所有的标志都没有设定。可以使用 RegexOptions 枚举来设定标志，如 RegexOptions.IgnoreCase 等。

把标志传递给正则表达式的构造函数，或在静态方法中作为一个参数传递给方法，如 Regex.IsMatch("abcdefg","ABC",RegexOptions.IgnoreCase | RegexOptions.RightToLeft)。为了设置多个标志，只需使用"|"字符把多个标志放在一起。

Regex 类有如下两个主要的构造函数。

- Regex(string pattern);
- Regex(string pattern,RegexOptions options);

第一个参数是要匹配的正则表达式，看下面的例子：

```
using System;
using System.Text;
using System.Text.RegularExpressions;

namespace MyTest
{
    class Program
    {
        static void Main(string[] args)
        {
            Regex myReEx = new Regex("ABC");
            Console.WriteLine(myReEx.IsMatch("there is much ABC"));
            Console.ReadKey();
        }
    }
}
```

输出的结果是 true，因为 there is much ABC 中包含 ABC。

如果要匹配 ABC 或 abc 或 Abc 等任意的大小组合，则可以选用第二个构造方法：

```
Regex myReEx = new Regex("ABC" ,RegexOptions.IgnoreCase);
Console.WriteLine(myReEx.IsMatch("there is much AbC"));
```

输出结果同样是 true。

Regex 类的 IsMatch()方法可以测试字符串是否匹配某个正则表达式模式。如果发现了匹配，则该方法返回 true，否则返回 false。IsMatch()还有两个静态的重载方法，使用这些静态的重载方法可以不用显式创建一个 Regex 对象。该方法的重载形式如下。

- public bool IsMatch(string input)。
- public bool IsMatch(string input, int startat)。
- public static bool Regex.IsMatch(string input,string pattern)。
- public static bool Regex.IsMatch(string input,string pattern, RegexOptions options)。

后两个重载是静态的，前面两个用于对 Regex 对象进行操作。除了 RegexOptions 枚举外，后两个方法的第一个参数是待测试的字符串，第二个参数是匹配模式。看下面的例子：

```
using System;
using System.Text;
using System.Text.RegularExpressions;

namespace MyTest
{
    class Program
    {
        static void Main(string[] args)
        {
            string input = "there is much ABC,here is no ABC";
            if (Regex.IsMatch(input, "ABC", RegexOptions.IgnoreCase))
            {
                Console.WriteLine("找到了！");
            }
            else
            {
                Console.WriteLine("没找到 ABC！");
            }
            Console.ReadKey();
        }
    }
}
```

因为字符串中包含了 ABC，所以程序输出"找到了！"。

如果只想得到结果，则可以使用静态方法，如果想保存匹配的细节，则可以创建一个 Regex 对象。

Regex 类的 Replace()方法可以用指定的字符串去替代一个模式，下面是该方法的两个静态重载。

- public static string Regex.Replace(string input, string pattern, string replacement)。

- public static string Regex.Replace(string input, string pattern, string replacement, Regex Options options)。

将上例中的 ABC 替换为 egg 的代码如下。

```
using System;
using System.Text;
using System.Text.RegularExpressions;

namespace MyTest
{
    class Program
    {
        static void Main(string[] args)
        {
            string input = "there is much ABC,here is no ABC";
            string inputout = Regex.Replace(input,"ABC","egg");
            Console.WriteLine(inputout);
            Console.ReadKey();
        }
    }
}
```

程序输出"there is much egg，here is no egg"。

如果使用非静态方法，可以指定替换的最大次数和从哪个位置开始替换。

public string Replace(string input, string replacement, int count, int startat)，如果想替换所有的匹配，则可把-1 传给参数 count。例如，用 xxx 替换"123,456,123,123，678,123,666"中紧跟在 456 后面的两个 123。关键代码如下：

```
string input = " 123,456,123,123,678,123,666";
Regex myRe = new Regex("123");
string inputout = myRe.Replace(input, "xxx",2,4);
Console.WriteLine(inputout);
```

程序输出结果：

```
123,456,xxx,xxx,678,123,666
```

Regex 类的 Split()在每次发现匹配的位置拆分字符串时，该方法返回一个字符串数组。下面是它的两个静态重载。

- public static string[] Split(string input, string pattern)。
- public static string[] Split(string input, string pattern, RegexOptions options)。

下面的代码演示了用逗号拆分一个字符串。

```
using System;
using System.Text;
using System.Text.RegularExpressions;
```

```
namespace MyTest
{
    class Program
    {
        static void Main(string[] args)
        {
            string input = "there,is much ABC,here,is no ABC";
            string[] inputout = Regex.Split(input,",");
            foreach (string s in inputout)
            {
                Console.WriteLine(s);
            }
            Console.ReadKey();
        }
    }
}
```

程序输出结果如图 10-2 所示。

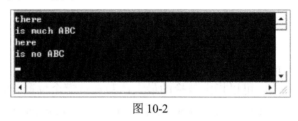

图 10-2

10.6.3 Match 类和 MatchCollection 类

利用正则表达式进行匹配时往往匹配成功的次数不止 1 次，如果想知道每一个成功匹配的细节，则需要用 Match 类和 MatchCollection 类。Match 类表示一次成功的匹配，MatchCollection 类是一个 Match 对象的集合。可以使用 Regex 类的 Match()方法来得到一个 Match 对象或者用 Matches()方法来得到一个 MatchCollection 对象。

下面的代码找出所有以 se 开头的三个字母：

```
using System;
using System.Text;
using System.Text.RegularExpressions;

namespace MyTest
{
    class Program
    {
        static void Main(string[] args)
        {
```

```
string input = "a sailor went to sea to set, "+ "to see what he could sec";
MatchCollection mc = Regex.Matches(input,@"se\w");
Console.WriteLine("共找到{0}个匹配：",mc.Count);
foreach (Match s in mc)
{
        Console.WriteLine("在索引"+s.Index+"处发现："+ s.Value);
}
Console.ReadKey();
    }
  }
}
```

程序结果如图 10-3 所示。

图 10-3

10.6.4 模糊匹配

正则表达式的强大不是表现在特定字符的匹配上，而是表现在对满足一定条件的字符串的模糊匹配上。这主要是靠正则表达式支持特殊的字符来实现的。

表 10-11 列出了正则表达式所支持的特殊字符的含义。

表 10-11

字　　符	描　　述
\	将下一个字符标记为一个特殊字符，或一个原义字符，或一个向后引用，或一个八进制转义符。例如，'n' 匹配 "n"。'\n' 匹配一个换行符。序列 '\\' 匹配 "\" 而 "\(" 则匹配 "("
^	匹配输入字符串的开始位置
$	匹配输入字符串的结束位置
*	匹配前面的子表达式零次或多次。例如，zo* 能匹配 "z" 以及 "zoo"。* 等价于{0,}
+	匹配前面的子表达式一次或多次。例如，'zo+' 能匹配 "zo" 以及 "zoo"，但不能匹配 "z"。+ 等价于 {1,}
?	匹配前面的子表达式零次或一次。例如，"do(es)?" 可以匹配 "do" 或 "does" 中的"do" 。? 等价于 {0,1}
{n}	n是一个非负整数。匹配确定的n次。例如,'o{2}' 不能匹配 "Bob" 中的 'o',但是能匹配 "food" 中的两个 o
{n,}	n 是一个非负整数。至少匹配 n 次。例如, 'o{2,}' 不能匹配 "Bob" 中的 'o',但能匹配 "foooood" 中的所有 o。'o{1,}' 等价于 'o+'。'o{0,}' 则等价于 'o*'

（续表）

字　符	描　述
{n,m}	m 和 n 均为非负整数，其中 n<=m。最少匹配 n 次且最多匹配 m 次。例如，"o{1,3}" 将匹配 "foooood" 中的前三个 o。'o{0,1}' 等价于 'o?'。注意在逗号和两个数之间不能有空格
?	当该字符紧跟在任何一个其他限制符(*, +, ?, {n}, {n,}, {n,m})后面时，匹配模式是非贪婪的。非贪婪模式尽可能少地匹配所搜索的字符串，而默认的贪婪模式则尽可能多地匹配所搜索的字符串。例如，对于字符串 "oooo"，'o+?' 将匹配单个 "o"，而 'o+' 将匹配所有 'o'
.	匹配除 "\n" 之外的任何单个字符。要匹配包括 '\n' 在内的任何字符，请使用像 '[.\n]' 的模式
x|y	匹配 x 或 y。例如，'(z|food)' 能匹配 "z" 或 "food"。'(z|f)ood' 则匹配 "zood" 或 "food"
[xyz]	字符集合。匹配所包含的任意一个字符。例如，'[abc]' 可以匹配 "plain" 中的 'a'
[^xyz]	负值字符集合。匹配未包含的任意字符。例如，'[^abc]' 可以匹配 "plain" 中的'p'
[a-z]	字符范围。匹配指定范围内的任意字符。例如，'[a-z]' 可以匹配 'a' ~ 'z' 范围内的任意小写字母字符
[^a-z]	负值字符范围。匹配任何不在指定范围内的任意字符。例如，'[^a-z]' 可以匹配任何不在 'a' ~ 'z' 范围内的任意字符
\d	匹配一个数字字符。等价于[0-9]
\D	匹配一个非数字字符。等价于[^0-9]
\s	匹配任何空白字符，包括空格、制表符、换页符等
\S	匹配任何非空白字符
\w	匹配包括下画线的任何单词字符。等价于 '[A-Za-z0-9_]'
\W	匹配任何非单词字符。等价于 '[^A-Za-z0-9_]'

　　下面用上面的模糊匹配来检验一个字符串是否是合法的日期格式，如 1984-05-22 就是合法的，2100-13-7 就是不合法的。具体要求如下。

- 日期按顺序由年、月、日三部分组成，每部分之间用"-"隔开。
- 年份必须是 4 位数字，且必须是 19 或 20 开头。
- 月份必须是两位数字，1~9 月必须写成 01~09。
- 日期必须是两位数字，1~9 日必须写成 01~09。

　　对于这个问题，如果将正则表达式简单写成\d{4}-\d{2}-\d{2}就只能满足条件 1 的要求。条件 2 要求年份必须是 19 或 20 开头，则可以写成(19\|20)又必须是 4 位数字则写成(19\|20)\d{2}就可以了。条件 3 的月份需要分成两种情况：一是 1~9 月，二是 10~12 月。1~9 月可以写成0[1-9]，10~12 月可以写成 1[0-2]，则条件 3 的正则表达式可以写成(0[1-9]\| 1[0-2])。条件 4 需要分成三种情况：1~9 日、10~29 日、30~31 日。1~9 日可以写成 0[1-9]，10~29 日可以写成[12][0-9]，30~31 日可以写成"3[01]"，则条件 4 的正则表达式可以写成(0[1-9]\| [12][0-9]\| 3[01])。再用"-"把这三部分连接起来就得到(19\|20)\d{2}-(0[1-9]\| 1[0-2])-(0[1-9]\| [12][0-9]\| 3[01])。这个正则表达式就是这个问题的解吗？不是，因为只要一个字符串包含上面的部分就满足这个正则表达式，而题目的要求是"只能包含"而不是"只要包含"，所以还需要使用位置限定符"^"和"$"，完整的正则表达式为^(19\|20)\d{2}-(0[1-9]\| 1[0-2])-(0[1-9]\| [12][0-9]\| 3[01])$。

详细代码如下：

```
using System;
using System.Text;
using System.Text.RegularExpressions;
namespace Demo
{
    class Program
    {
        static void Main(string[] args)
        {
            string input = "1983-11-22";
            string rex = @"^(19|20)\d{2}-(0[1-9]|1[0-2])-(0[1-9]|[12][0-9]|3[01])$";
            if (Regex.IsMatch(input, rex))
            {
                Console.WriteLine("格式合法！");
            }
            else
            {
                Console.WriteLine("格式不合法！");
            }
            Console.ReadKey();
        }
    }
}
```

这样，就比较完美地解决了这个日期格式匹配的问题。请大家想一想这个处理方法还有没有需要改进的地方。

【单元小结】

- 掌握 Math 类及其方法的使用。
- 掌握 Random 类及其方法的使用。
- 掌握 DateTime 类及其方法的使用。
- System.String 类的对象具有不变性。
- System.Text.StringBuilder 类的对象的内容可以改变。
- Regex 类可用正则表达式处理复杂的字符串问题。

【单元自测】

1. 要想获得以"小时:分钟:秒"为格式的时间，以下哪个方法可以实现？（   ）

　　A. DateTime.Now.ToLongTimeString()　　B. DateTime.Now.ToLocalTime()

　　C. DateTime.Now.ToShortTimeString()　　D. 以上方法都可以

2. 下列对 System.String 类的描述正确的两项是(　　　)。

    A. 该类对象的内容可以改变

    B. 该类对象的内容不能改变

    C. 该类的引用变量可以指向其他的同类型对象

    D. 该类的引用变量不能指向其他的同类型对象

3. System.String 类的(　　　)方法不能删除字符串中的空格。

    A. Replace()　　　　B. Trim()　　　　C. Remove()　　　　D. EndsWith()

4. StringBuilder 类不具有下面的(　　)方法。

    A. Join()　　　　B. Replace()　　　　C. Remove()　　　　D. Insert()

5. Regex 类的(　　)方法可以测试字符串是否匹配某个正则表达式模式。

    A. IsMatch()　　　　B. IsMatches()　　　C. Split()　　　　D. Replace()

【上机实战】

上机目标

- 掌握 String 的用法。
- 掌握 StringBuilder 的用法。
- 掌握简单正则表达式的用法。

上机练习

◆ 第一阶段 ◆

练习1：统计一段文字中某字符的个数

【问题描述】

给定一个较大的字符串，判断并输出该字符串中"国"字的数量。

【问题分析】

解决此问题，可以遍历这个字符串，把它的每一个字符取出来看看是不是"国"字，如果是，则数量加 1。

【参考步骤】

(1) 新建一个名为 StringTest 的控制台程序。

(2) 在 Program 类下添加一个静态方法 Count()，该方法统计一个字符串中某字符出现的次数。

(3) 在 Main()方法中添加测试代码。

(4) Program 类的完整代码如下。

```
namespace StringTest
{
    class Program
    {
        static void Main(string[] args)
        {
            string china = "中国一词的含义在不同时代也不同，"+
                "在古代统一时期略指全国，分裂时多指中原。"+
                "相传 3000 年前，周公在阳城用土圭测度日影，"+
                "测得夏至这一天午时，八尺之表于周围景物均没有日影，"+
                "便认为这是大地的中心，因此周朝谓之中国。";
            int count = Count(china, '国');
            Console.WriteLine("共有国字" + count + "个！");
            Console.ReadKey();
        }

        public static int Count(string where, char find)
        {
            int total = 0; //存放总个数
            for (int i = 0; i < where.Length; i++)
            {
                if (where[i] == find)
                {
                    total++;
                }
            }
            return total;
        }
    }
}
```

运行该代码，结果如图 10-4 所示。

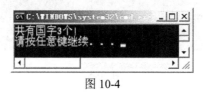

图 10-4

练习2：从文字中提取出手机号码

【问题描述】

有一段手机短信通信记录，里面有很多手机号和短信内容，从中取出所有的手机号码。

【问题分析】

手机号码都是 11 位数字，但跨网发短信号码会显示成"+86..."，且手机号码不是固定顺序的数字，用正则表达式来匹配手机号码的正则表达式可以为(\+86)?\d{11}。要显示出每一个号码还要用到 Match 和 MatchCollection 类。

【参考步骤】

(1) 新建一个控制台应用程序。

(2) 添加引用 System.Text.RegularExpressions;。

(3) 编写如下代码:

```csharp
class Program
{
    static void Main(string[] args)
    {
        string records = "来自 13145698125 的高中同学说今晚他和另一位同学来我家吃晚餐。同事
        +8613879541685 说她孩子生病了请我帮忙完成她的工作，还说请我打 13549643259 这个电
        话跟她领导说一声";
        string reg = @"(\+86)?\d{11}"; //匹配
        StringBuilder sb = new StringBuilder(100);
        MatchCollection mc = Regex.Matches(records, reg);
        foreach (Match m in mc)
        {
            sb.AppendLine(m.Value);
        }
        Console.WriteLine("共有手机号 " + mc.Count + " 个! ");
        Console.WriteLine(sb.ToString());
        Console.ReadKey();
    }
}
```

(4) 运行程序，结果如图 10-5 所示。

图 10-5

◆ 第二阶段 ◆

练习 3：在控制台下输入你的姓名、年龄、家庭住址和兴趣爱好，使用 StringBuilder 类把这些信息连接起来并输出

【拓展作业】

1. 使用 System.Replace()方法来解决练习 1 的问题。
2. 使用 System.Split()方法来解决练习 1 的问题。

集合和泛型

课程目标

▶ 学会使用 System.ArrayList 对象

▶ 学会使用 System.HashTable 对象

▶ 理解泛型集合类 List<T>对象

▶ 掌握 Dictionary<TKey,TValue>

▶ 了解 IComparable 接口的应用

▶ 了解泛型接口

▶ 了解 IComparer<T>接口

 **简 介**

大多数编程语言都提供了数组来存储属于同种类型的多个数据元素，但数组有一个缺陷：数组一旦定义完成，数组的大小不能改变。如果要在数组中添加或者删除元素，是非常麻烦的。能不能有办法简化添加和删除元素，有没有可以改变大小的"数组"呢？有，这就是本单元要学习的集合，如 ArrayList、HashTable。本单元还要学习一个非常流行和重要的概念——泛型。

11.1 System.Collections 命名空间

集合提供了管理对象数组的高级功能，它是一个特殊的类，用于组织和公开一组对象。与数组一样，可以通过索引访问集合成员，但集合的大小可以动态改变，集合的成员可以在运行时添加或删除。

集合在管理运行时动态创建元素项很有用。例如，可以创建一组 Employee 对象，这些对象都是从数据库中查询出来的，每个对象表示一个职员，因为不能预先知道职员的人数，因此使用动态的集合对象比使用固定大小的数组更合适。

表 11-1 列出了 System.Collections 命名空间下常用的类、接口和结构。

表 11-1

类	描　　述
ArrayList	提供适用于多数用途的一般集合功能，它允许动态添加或删除
HashTable	存储键值对，这些键值对是根据键编码来安排的
接　　口	描　　述
ICollection	为所有集合定义大小、枚举器和同步方法
IEnumerator	对整个集合的简单循环和列举
IList	通过索引进行单独访问的对象的集合
结　　构	描　　述
DictionaryEntry	定义可以设置或检索的字典键值对

11.1.1 ArrayList 类

ArrayList 类实际上是前面学习过的集合 Array 类的优化版本，区别在于 ArrayList 提供了大部分集合类具有而 Array 类没有的特色。下面列出了部分特色：

- Array 的容量或元素个数是固定的，而 ArrayList 的容量可以根据需要动态扩展。通过设置 ArrayList.Capacity 的值可以执行重新分配内存和复制元素等操作。
- 可以通过 ArrayList 提供的方法在某个时间追加、插入或移出一组元素，而在 Array 中一次只能对一个元素进行操作。

但是 Array 具有 ArrayList 所没有的灵活性。例如：

- Array 的下标是可以设置的，而 ArrayList 的下标始终是 0。
- Array 可以是多维的，而 ArrayList 始终是一维的。

ArrayList 类支持 Array 类的大多数方法，表 11-2 列出了 ArrayList 类的常用属性和方法。

表 11-2

属　　性	描　　述
Capacity	指定数组列表可以包含的元素个数，也就是容量
Count	数组列表中元素的实际个数
方　　法	描　　述
Add()	在数组列表的尾部追加元素
Contains()	检测数组列表是否包含指定元素
Insert()	在指定位置插入一个元素
Remove()	从数组列表中移出第一次出现的给定元素
RemoveAt()	移出数组列表中指定索引处的元素
TrimToSize()	将数组列表容量缩小为元素个数

ArrayList 的容量通常大于或等于 Count 值，如果添加元素时 Count 值大于容量，则容量自动增加一倍。

通常使用下面的构造方法来创建 ArrayList 类的新实例，其中参数"初始容量"可以省略。

ArrayList 对象名称 ＝ new ArrayList(初始容量);

下面的例子演示了 ArrayList 类的一些属性和方法。

```
using System;
using System.Collections;
namespace ArrayTest
{
    class ArrayListTest
    {
        static void Main(string[] args)
        {
            ArrayList alName = new ArrayList();
            alName.Add("金庸");
            alName.Add("古龙");
            alName.Add("黄易");
            Console.WriteLine("\n 数组列表容量为：{0},元素个数为：{1}",
                alName.Capacity, alName.Count);
            Console.WriteLine("\n 请输入你想添加的武侠小说家：");
            string flag = null;
            while (true)
            {
```

```
                string newNanme = Console.ReadLine();
                alName.Add(newNanme);
                Console.WriteLine("要继续吗? (y/n)");
                flag = Console.ReadLine();
                if (flag.Equals("n"))
                {
                    break;
                }
            }
            Console.WriteLine("\n 请输入你想查找的武侠小说家: ");
            while (true)
            {
                string findName = Console.ReadLine();
                if (alName.Contains(findName))
                {
                    Console.WriteLine("数组列表中包含{0}. ", findName);
                }
                else
                {
                    Console.WriteLine("数组列表中不包含你要查找的人");
                }
                Console.WriteLine("要继续吗? (y/n)");
                flag = Console.ReadLine();
                if (flag.Equals("n"))
                {
                    break;
                }
            }
            Console.WriteLine("\n 数组列表中共包含下列武侠小说家: ");
            foreach (string name in alName)
            {
                Console.WriteLine(name);
            }
            Console.ReadKey();
        }
    }
}
```

先在 ArrayList 中添加三位小说家，然后输出数组的容量和当前已经存放的元素数量。通过循环用户可以添加任意多个小说家到 ArrayList 中，然后又通过循环允许用户查找 ArrayList 中是否包含指定的小说家，最后输出所有的小说家。

程序执行结果如图 11-1 所示。

当集合中存放基本数据类型时会发生装箱操作，即 alName.Add(1)程序会首先把 1 装箱成对象，然后再把该对象放入 ArrayList 中。

图 11-1

11.1.2　HashTable 类

用户可以通过 HashTable 类将数据作为一组键值对来存储，这些键值对是根据键的编码来组织的，可以将键作为索引器来获得对应的值对象。假设要存储电话号码，但没有合适的数据类型允许这样做。这时就可以使用 HashTable 类，用户可以将联系人的姓名作为键来引用，而将联系人号码作为值来引用。HashTable 类常用的属性和方法如表 11-3 所示。

表 11-3

属　　性	描　　述
Count	该属性用于获取哈希表中键值对的数量
方　　法	描　　述
Add()	将一个键值对添加到哈希表中
ContainsKey()	测试键是否已经存在
Remove()	根据键将对应的键值对从哈希表移出

在哈希表中添加重复的键会发生 ArgumentException 异常，修改某个键对应的值可以使用下面的语法：

哈希表名[键] = 新值

下面的代码演示了如何把键值对添加到哈希表中，并从哈希表中检索某个值。

新建一个控制台应用程序，并命名为"HashTable 示例"，界面如图 11-2 所示。

图 11-2

主要代码如下：

```csharp
using System;
using System.Collections;

namespace HashTableDemo
{
    class Program
    {
        static void Main(string[] args)
        {
            Hashtable ht = new Hashtable();
            while (true)
            {
                Console.WriteLine("\r\n    =====    请选择操作    =====");
                Console.WriteLine("     1.添加联系人    2.查找");
                Console.WriteLine("    ==============================\r\n");
                Console.Write("请输入你的选择：");
                string f = Console.ReadLine();
                switch (f)
                {
                    case "1":
                        Console.Write("请输入联系人姓名：");
                        string name = Console.ReadLine();
                        Console.Write("请输入联系人电话：");
                        string tel = Console.ReadLine();
                        if (ht.ContainsKey(name))
                        {
                            Console.WriteLine("该联系人已经存在！", "错误");
                            return;
                        }
                        ht.Add(name, tel);
                        Console.WriteLine($"*****共有{ht.Count}位联系人*****");
                        break;
                    case "2":
                        Console.Write("请输入要查找的联系人姓名：");
                        string nameFind = Console.ReadLine();
                        Object telFind = ht[nameFind];
                        //用联系人名称作为索引来获得对应的联系人电话
                        if (telFind == null)
                        {
                            Console.WriteLine("该联系人不存在！", "错误");
                        }
                        else
                        {
                            Console.WriteLine($"你所查找的联系人电话是：
                            {telFind.ToString()}");
```

```
                    }
                    break;
                }
            }
        }
    }
}
```

运行结果如图 11-3 所示。

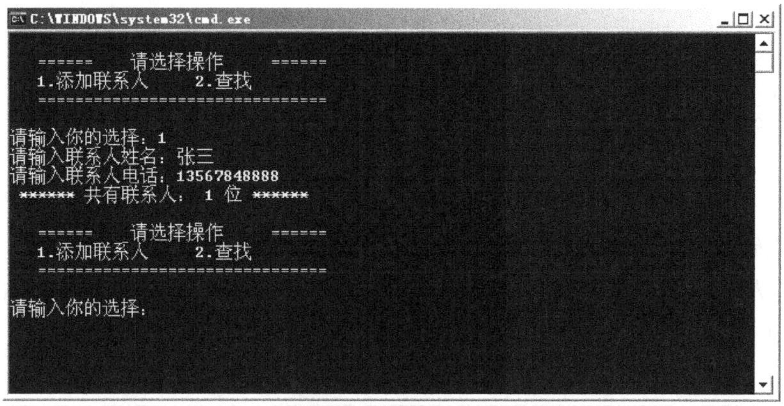

图 11-3

图 11-3

如果添加新联系人时出现了重复的姓名，如添加第 2 个"张三"时则会打印"该联系人已经存在"，如图 11-4 所示。

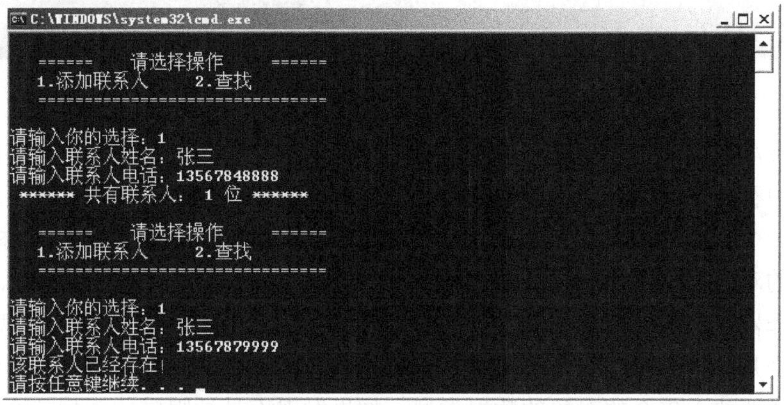

图 11-4

11.2　泛型集合

在第一节学习了 ArrayList 和 HashTable 两种集合类，但这样的集合是没有类型化的，类型不安全，很容易出现类型访问错误。例如下面这个例子：

```
class Program
```

```
    {
        static void Main(string[] args)
        {
            ArrayList stuName = new ArrayList();
            stuName.Add("张三");
            stuName.Add("李四");
            stuName.Add(3);

            foreach (string str in stuName)
            {
                Console.WriteLine(str);
            }
            Console.ReadKey();
        }
    }
```

上面的代码段没有任何语法错误，也就是说编译不会报错，但是程序执行后会出现运行时错误，因为 ArrayList 集合对象 stuName 添加了两个字符串对象后，还添加了一个整型元素，当使用 foreach 循环遍历元素时，会出现类型异常，如图 11-5 所示。

图 11-5

只要是继承自 System.Object 的任何对象都可以存储在 ArrayList 中，而实际应用中往往是向集合中存放某种特定类型的数据。如定义了学生类 Student，现在要把某班级的所有学生添加到一个 ArrayList 中，但是在添加的过程中也可以把其他类型的对象添加进去，因为所有类型的对象都是继承自 System.Object 类型，所以编译器不会报错。那么，有什么办法可以让编译器知道我们要放入集合的只能是 Student 类型呢？这就要使用泛型集合。

泛型集合是一种要明确限定放入集合中数据类型的集合，使用泛型集合时编译器会在编译期间检查要放入集合的对象的数据类型，如果发现不是被限定的类型就会报错，这样就可以避免发生运行时错误，这是泛型集合的一大优点——类型安全。泛型集合的另一个优点是可以提高性能，由于明确了数据类型，所以在存取数据时不会发生类型转换，特别是存取值类型时不会发生装箱和拆箱操作。

11.2.1 System.Collections.Generic 命名空间

前面介绍的 ArrayList 和 HashTable 都属于 System.Collections 命名空间，但泛型集合类

则属于 System.Collections.Generic 命名空间。

表 11-4 列出了 System.Collections.Generic 这个命名空间下的泛型集合类。

表 11-4

泛型集合类	描　　述
List<T>	一般用于替代 ArrayList 类，与 ArrayList 很相似
Dictionary<TKey,TValue>	存储键值对的集合泛型类
SortedList<TKey,TValue>	类似于 Dictionary<TKey,TValue>，但按键自动排序
LinkedList<T>	双向链表
Queue<T>	先进先出的队列类
Stack<T>	后进先出的堆栈类

C#中没有 ArrayList<T>和 HashTable<TKey,TValue>这两个泛型集合类，而是用 List<T>和 Dictionary<TKey,TValue>类代替。

11.2.2　List<T>类

使用下列语法来创建 List<T>类的新实例：

泛型集合类<数据类型> 实例名 ＝new 泛型集合类<数据类型>()；

例如：

```
List<int>   ints = new List<int>();
List<string>  strs = new List<string>();
List<Student>  students = new List<Student>();
```

下面的代码定义了一个学生类，并使用 List<T>类来操作多个学生：

```
using System;
using System.Collections.Generic;

namespace GenericCollectionsDemo
{
    class Program
    {
        static void Main(string[] args)
        {
            Student s1 = new Student(1, "李羊");
            Student s2 = new Student(2, "诸葛盼");
            Student s3 = new Student(3, "黄健");
            Student s4 = new Student(4, "周健");
            //无法通过编译，无法将 string 转换为 GenericCollectionsDemo.Student
            //List<Student> students = new List<Student> { s1, s2, s3, s4 ,"1"};
            List<Student> students = new List<Student> { s1,s2,s3,s4};
            foreach (var s in students)
```

```
                {
                    Console.WriteLine(s);
                }
                Console.ReadKey();
            }
        }
        public class Student
        {
            public Student(int id,string name)
            {
                Id = id;
                Name = name;
            }
            public int Id { get; set; }
            public string Name { get; set; }
            public override string ToString()
            {
                return "姓名: " + Name + ", 学号: " + Id;
            }
        }
    }
```

变量 students 声明成 List<Student>类型,表明只能在 students 中添加 Student 类的对象,如果将 Main 方法中注释掉的那行代码取消注释,则编译时将会报"无法从 string 转换为 GenericCollectionsDemo.Student"的错误。程序初始化 4 个 Student 对象并把它们添加到 students 中,最后用迭代器遍历输出每个学生的信息,输出结果如图 11-6 所示。

图 11-6

在 List<T>类中,不仅可以实现添加和访问元素、插入和删除元素、清空集合、把元素复制到数组中,而且可以搜索和转换元素、使元素逆序等高级操作。

List<T>类的 ForEach()方法可以使用委托对集合的每一个成员进行操作,结合我们在单元六中学习的 Lambda 表达式可以将代码中的 foreach 循环用下面这行代码替换:

```
students.ForEach(s => { Console.WriteLine(s); });
```

程序的执行结果不变。

List<T>类的 FindAll()方法检索与指定谓词(谓词就是返回 true 或 false 的方法)所定义的条件相匹配的所有元素。如果找到,则返回一个包含与指定谓词所定义的条件相匹配的所有元素构成的 List<T>,否则为一个空 List<T>。将 Main()方法中的 foreach 循环改成下面的代码:

```
var _students = students.FindAll(m => m.Id < 3);
```

```
Console.WriteLine("学号小于 3 的学生如下");
_students.ForEach(s => { Console.WriteLine(s); });
```

运行结果如图 11-7 所示。

图 11-7

11.2.3　Dictionary<TKey,TValue>类

下列语法为创建泛型 Dictionary<TKey,TValue>类的实例：

Dictionary<数据类型, 数据类型> 实例名 ＝ new Dictionary <数据类型, 数据类型>()；

Dictionary<TKey,TValue>类的功能与 HashTable 类相似，也是通过键值对来存储元素。其中，TKey 表示键的数据类型，TValue 表示值的数据类型。

例如：

```
Dictionary<int,string>   dicname = new Dictionary <int,string>();
Dictionary<string,string>   dicstr = new Dictionary <string,string>();
Dictionary<string,Student>   dicstu = new Dictionary <string,Student>();
```

下面的示例演示了 Dictionary<TKey,TValue>类的用法：

```
using System;
using System.Collections.Generic;

namespace DictionaryDemo
{
    class Program
    {
        static void Main(string[] args)
        {
            Dictionary<string, Student> students = new Dictionary<string, Student>();
            //实例化四个学生类对象
            Student stu1 = new Student(1,"李羊");
            Student stu2 = new Student(2,"诸葛盼");
            Student stu3 = new Student(3,"黄建");
            Student stu4 = new Student(4,"周剑");
            //四个学生类对象添加到泛型集合类中
            students.Add(stu1.Name, stu1);
            students.Add(stu2.Name, stu2);
            students.Add(stu3.Name, stu3);
            students.Add(stu4.Name, stu4);

            foreach (string name in students.Keys)
```

```
            {
                //students[key]指向的是 students[value]即一个 Student 对象
                Console.WriteLine(students[name]);
            }
            Console.ReadKey();
        }
    }

    public class Student
    {
        public Student(int id, string name)
        {
            Id = id;
            Name = name;
        }
        public int Id { get; set; }
        public string Name { get; set; }
        public override string ToString()
        {
            return "姓名：" + Name + "，学号：" + Id;
        }
    }
}
```

对象 students 声明成 Dictionary<string,Student>类型，说明 students 只能添加 string 类型的键，Student 类的对象作为值。最后通过遍历 Dictionary<string,Student>对象的键来访问 Student 对象，输出结果如图 11-8 所示。

图 11-8

泛型是.NET Framework 2.0 引入的特性，但泛型的使用范围不仅仅是泛型集合，还包括泛型类、泛型接口、泛型委托等。有兴趣的同学可以参阅其他的参考书以对泛型有一个全面的了解。

11.2.4   对象与集合初始化器

集合初始化器用来初始化一个集合，实际上我们在 List<T>小节的例子中已经使用过了，它由一系列元素组成，并封闭于"{"和"}"标记内。下面的实例代码就使用集合初始化器初始化了 Student 类型泛型列表。

```
class Student
{
    public int SId { get; set; }
```

```
        public string SName { get; set; }
}
class Program
{
        static void Main(string[] args)
        {
            //对象初始化器
            Student s1 = new Student{SId=101, SName="张三"};
            Student s2 = new Student { SId = 102, SName = "李四" };
            //集合初始化器
            List<Student> lstStu = new List<Student> { s1, s2 };
            foreach (Student s in lstStu)
            {
                Console.WriteLine("学号" + s.SId + ",  姓名: " + s.SName);
            }
            Console.ReadKey();
        }
}
```

运行结果如图 11-9 所示。

图 11-9

11.3 扩展方法

如果想为一个既有的类添加新的方法,并且我们有这个类的源代码,则可以在这个类的源代码中直接为它创建新的方法。但是如果我们只有这个类所在的程序集文件,没有源代码,或者我们不想改变这个类现有的结构,该怎么办呢?答案是,可以通过使用扩展方法为这个类添加新的方法。

扩展方法需要创建在一个静态类中,方法必须是静态的,方法的第一个参数是要扩展的类型,这个类型放在 this 关键字后面(此参数必须存在),第一个参数之后可以根据方法需要决定是否还有其他参数。我们在下面代码中演示为 string 类型扩展一个方法。

```
class Program
{
        static void Main(string[] args)
        {
            string str = "厚溥";
            Console.WriteLine(str.ReturnStr());
```

```
                    Console.ReadKey();
            }
        }
        public static class MyExtensions
        {
            //1：扩展方法必须在静态类中
            //2：方法本身必须是静态方法
            //3：方法的第一个参数的类型必须是要扩展的类型，且此类型前面必须有一个 this 关键字
            public static string ReturnStr(this string str)
            {
                return str+"：扩展方法";
            }
        }
    }
```

执行以上代码，运行结果如图 11-10 所示。

图 11-10

上面的示例包含了一个声明了扩展方法的静态类 MyExtensions，扩展方法被 static 关键字修饰，第一个参数的类型前有 this 关键字。由于方法的第一个参数的类型是 string，所以我们创建的每一个 string 对象都会拥有此方法。在 Program 类的 Main()方法中，我们创建了一个 str 变量，它是 string 类型，所以它就拥有扩展的 ReturnStr()方法。相信通过这个例子的学习，读者朋友已经掌握怎么自己实现扩展方法了吧。

11.3.1　泛型集合常用扩展方法

为什么我们要在泛型集合之后讲扩展方法呢？那是因为，.NET 框架在 System.Core 程序集里的 System.Linq 命名空间下为泛型集合创建了非常丰富的扩展方法，这些扩展方法为我们操作泛型集合提供了极大的便利。下面我们简要列举几个泛型常用的扩展方法，后续我们将在下一单元(LINQ)中进行更深入的学习。泛型集合常用扩展方法以及作用如表 11-5 所示。

表 11-5

常用扩展方法	方法功能
FirstOrDefault	返回泛型集合中的第一个元素
All	该方法需要传入一个谓词委托，检验泛型集合中是否所有元素都满足条件，全部满足返回 True，否则返回 False
Any	检查泛型集合中是否有任何一个元素满足条件，可指定条件判断方法，存在一个及以上满足条件返回 True，否则返回 False
Count	返回泛型集合中满足指定条件的元素的数量，可指定条件判断方法
ToArray	将泛型集合转换成一个相对应的数组
Where	根据指定对泛型集合元素进行过滤，返回满足条件的元素集合

　　除了以上列举的常用扩展方法之外，泛型集合还有很多扩展方法经常被使用到，这里不一一列举。微软之所以专门为开发人员封装这些方法，是因为这些方法行为在实际开发中会经常用到，这些方法极大地减轻了开发人员的工作负担，提高了开发效率。下面通过一个示例演示部分扩展方法的使用：

```csharp
using System;
using System.Collections.Generic;
using System.Linq;

namespace Demo
{
    class Program
    {
        static void Main(string[] args)
        {
            Student s1 = new Student(1,"李杨");
            Student s2 = new Student(2, "诸葛盼");
            Student s3 = new Student(3, "诸葛浪");
            Student s4 = new Student(4, "黄超");
            //创建泛型集合
            List<Student> students = new List<Student>() {s1,s2,s3,s4};
            //获取泛型集合中第一个元素，如果泛型集合内没有元素 则返回 null
            var student1=students.FirstOrDefault();
            //判断泛型集合中是不是每一个元素的 Id 都大于 0，如果是返回 true，否则返回 false
            bool b=students.All(s => s.Id > 0);
            //首先通过 where 过滤出泛型集合中所有 Id 大于 3 的 Student，
            //然后再对返回的值求其中元素个数
            int count=students.Where(s => s.Id > 3).Count();
            Console.WriteLine($"集合中第一个元素的名字是{student1.Name},
                其 Id 是{student1.Id}");
            Console.WriteLine($"全部学生的 Id 都大于 0:{b}");
            Console.WriteLine($"集合中 Id 大于 3 的学生的个数是:{count}");

            Console.ReadKey();
        }
        public class Student
        {
            public Student(int id,string name)
            {
                Id = id;
                Name = name;
            }
            public int Id { get; set; }
            public string Name { get; set; }
        }
    }
}
```

运行效果如图 11-11 所示。

图 11-11

11.3.2 泛型集合扩展方法的实现机制

读者朋友们可能注意到了,我们都称以上内置方法为泛型集合的扩展方法,而不是集合的扩展方法,之所以这么说,是因为集合确实没有被扩展以上方法,也就是说我们前面学习的 ArrayList、HashTable 都不具备以上方法。现在我们来探寻一下,泛型集合是如何被扩展出以上方法的。

我们在 Visual Studio 上将光标置于上述代码的 where()方法上(FirstOrDefault、Any、Count 等其他扩展方法亦可),按 F12 键可以看到 where()方法的定义如下。

```
public static IEnumerable<TSource> Where<TSource>(this IEnumerable<TSource> source,
Func<TSource, bool> predicate);
```

实现这个方法的类 Enumerable 是一个静态类,结合前面学习的扩展方法的知识,我们知道该方法是对 IEnumerable<TSource>这个接口的扩展。所以凡是实现了这个接口的类就都可以调用这个扩展方法。现在我们查看 List<T>、Dictionary<TKey,TValue>和 ArrayList、HashTable 的定义,会发现 List<T>直接实现了 IEnumerable<T>接口,而 Dictionary<TKey, TValue>实现了 IDictionary<TKey, TValue>接口,IDictionary<TKey, TValue>又继承自 ICollection<KeyValuePair<TKey, TValue>>接口,最终 ICollection<KeyValuePair<TKey, TValue>>接口继承自 IEnumerable<T>接口,相反地,ArrayList、HashTable 都没有直接或者间接实现 IEnumerable<T>接口,这就解释了为什么 List<T>和 Dictionary<TKey,TValue>具备前述扩展方法,而普通集合不具备,即需要直接或者间接实现 IEnumerable<T>接口。

11.4 IComparable 接口实现排序

泛型集合中有一个 Sort()方法,顾名思义它用于排序,我们通过一个示例来学习它,示例如下。

```
static void Main(string[] args)
{
    List<string> list = new List<string>() { "张三","李四", "王五" };
    Console.WriteLine("排序前顺序");
    foreach (string str in list)
    {
        Console.WriteLine(str);
```

```
    }
    list.Sort();
    Console.WriteLine("排序后顺序");
    foreach (string str in list)
    {
        Console.WriteLine(str);
    }
    Console.ReadKey();
}
```

以上示例执行的结果如图 11-12 所示。

图 11-12

通过执行结果可以看到，泛型集合对象的Sort()方法，对字符串类型的元素是按照首字母的升序进行排序。集合对象Sort()方法默认就是以这样的排序方式进行排序。

现在来看一个问题，如果泛型集合中的元素是 Student 类对象，那么 Sort()方法会以什么排序方式进行排序呢？是以 Student 类的年龄来排序，还是以 Student 类的名字的首字母来排序呢？下面的示例，定义泛型集合对象，并向该对象添加三个 Student 类对象元素，然后进行排序。

```
class Student
{
    public int stuid;
    public int age;
    public string name;
    public Student(int Stuid, int Age, string Name)
    {
        this.stuid = Stuid;
        this.age = Age;
        this.name = Name;
    }
}
class Program
{
    static void Main(string[] args)
    {
        Student stu1 = new Student(1, 18, "张三");
        Student stu2 = new Student(3, 20, "李四");
        Student stu3 = new Student(2, 17, "王五");
```

```
            List<Student> list = new List<Student>(){stu1,stu2,stu3};
            Console.WriteLine("排序前顺序");
            foreach (Student stu in list)
            {
                Console.WriteLine($"姓名:{stu.name},年龄{stu.age}");
            }
            list.Sort();
            Console.WriteLine("排序后顺序");
            foreach (Student stu in list)
            {
                Console.WriteLine($"姓名:{stu.name},年龄{stu.age}");
            }
            Console.ReadKey();
        }
}
```

以上代码可以通过编译，但是按 F5 键执行该示例，会出现如图 11-13 所示的错误信息。

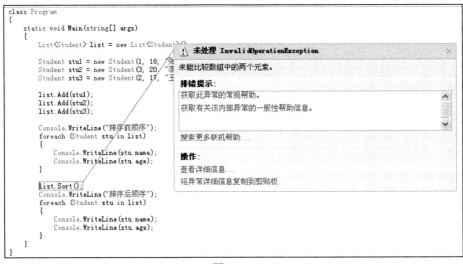

图 11-13

编译环境显示"未能比较数组中的两个元素"，也就是说，在调用 Sort()方法进行排序时，无法比较集合中的元素的大小。这是因为 Student 类有三个成员变量，系统不知道应该怎样对学生类对象进行排序——是按照年龄大小，还是按照姓名的首字母的顺序。

该如何解决以上问题，对类对象进行排序呢？如果想排序，首先就要告诉系统该怎么比较两个对象之间的大小，只有比较了大小，才能排出顺序。在.NET 框架类库中提供了一个 IComparable 接口，该接口定义了名为 CompareTo(object obj)的方法，该方法旨在告诉系统怎么对当前的对象进行比较。任何想进行排序的对象都要实现该方法。上面的示例中，Student 类的对象想进行排序，那么 Student 类就要实现 IComparable 接口的 CompareTo(object obj)方法。下面的示例中，Student 类实现 IComparable 接口：

```
//Student 类实现 IComparable 接口
class Student:IComparable
```

```
    {
        public int stuid;
        public int age;
        public string name;
        public Student(int Stuid, int Age, string Name)
        {
            this.stuid = Stuid;
            this.age = Age;
            this.name = Name;
        }
        //实现 IComparable 接口的 CompareTo()方法
        public int CompareTo(object obj)
        {
            if (!(obj is Student))
            {
                throw new Exception("比较对象不是 Student 对象");
            }
            Student other = obj as Student;
            return this.name.CompareTo(other.name);
        }
    }
}
```

上面示例第一行 Student 类实现 IComparable 接口，在 Student 类内部实现了 CompareTo(object obj)方法，该方法有一个参数——接收和当前对象进行比较的对象，方法还有一个返回值，返回值如果大于 0 表示当前对象大于 obj，返回值小于 0 表示当前对象小于 obj，返回值等于 0 表示当前对象和 obj 相等。首先判断接收的参数是否为 Student 类对象，如果是，就进行比较，如果不是，就抛出异常。接下来就开始进行比较，代码 this.name.CompareTo(other.name)表示把当前对象的 name 成员和接收参数的 name 成员进行比较，并且返回比较结果。

下面是主方法中的代码，依然是对 Student 对象的集合进行排序。

```
class Program
{
    static void Main(string[] args)
    {
        List<Student> list = new List<Student>();
        Student stu1 = new Student(1, 18, "张三");
        Student stu2 = new Student(3, 20, "李四");
        Student stu3 = new Student(2, 17, "王五");
        list.Add(stu1);
        list.Add(stu2);
        list.Add(stu3);
        Console.WriteLine("排序前顺序");
        foreach (Student stu in list)
        {
            Console.WriteLine(stu.name+"    "+stu.age.ToString());
```

```
        }
        list.Sort();
        Console.WriteLine("排序后顺序");
        foreach (Student stu in list)
        {
            Console.WriteLine(stu.name + ""+ stu.age.ToString());
        }
        Console.ReadKey();
    }
}
```

上面的代码段比较简单，这里就不再复述了。该示例编译执行后的结果如图 11-14 所示。

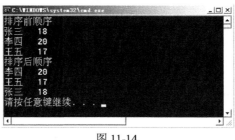

图 11-14

通过上面的示例，我们知道，实现 IComparable 接口的 CompareTo(object obj)方法可以告诉系统，通过两个 Student 对象的 name 成员来进行比较，就可以实现排序。这里提出一个问题，如果想以 Student 对象的 age 成员来进行排序，Student 类该怎么实现 CompareTo (object obj)方法呢？

11.5 泛型接口

11.5.1 IComparable<T>接口

在前面的示例中，Student 类实现了 CompareTo(object obj)方法，就可以对 Student 类对象进行比较和排序。但是实现 CompareTo(object obj)方法的代码比较复杂，必须判断参数 obj 是否是 Student 类的对象，如果不是，还会抛出异常，显得非常不安全。

那么有没有简化一下该方法的代码，并且保证类型的安全呢？答案是泛型接口。同 IComparable 接口对应的泛型接口 IComparable<T>，泛型接口对数据类型有着严格的控制，通过实现它就可以帮我们解决参数类型安全的问题，如下面示例所示。

```
//Student 类实现 IComparable<T>接口
class Student:IComparable<Student>
{
    public int stuid;
    public int age;
```

```
        public string name;
        public Student(int Stuid, int Age, string Name)
        {
            this.stuid = Stuid;
            this.age = Age;
            this.name = Name;
        }
//实现 IComparable<T>接口，参数必须是 Student 类型
        public int CompareTo(Student other)
        {
            //不用判断参数 other 是否是 Student 类型
            return this.name.CompareTo(other.name);
        }
}
```

通过上面的示例就可以看到，实现了泛型接口后，CompareTo()方法的代码简洁了许多，不用进行类型转换了，并且可以严格控制参数的类型。

11.5.2　IComparer<T>接口

前面学习到，一个类实现了 IComparable 或者 IComparable<T>接口，那么在集合中它的对象就可以使用集合对象的 Sort()方法来进行排序。但是无参的 Sort()方法只能以默认的排序方式进行排序，默认的排序方式就是在实现 CompareTo()方法时指定的(上面的示例中指定以 name 成员进行比较)，也就是说，Sort()方法的排序方式是写死的，如果想按照其他方式进行排序，就必须重新编写 CompareTo()方法的代码。

集合中的对象，如何在程序运行时指定它的排序方式，而不用重新编写代码呢？显然代码里实现 IComparable 或者 IComparable<T>接口是很难实现这个功能的。集合对象的 Sort()方法有多个重载的版本，其中有一个重载的版本是这样的——Sort(IComparer<T> comparer)。该版本方法的参数是 IComparer<T>泛型接口，不同比较方式的类实现了该接口，就可以传入 Sort(IComparer<T> comparer)方法，以实现不同的排序方式。

首先来了解一下这个 IComparer<T>接口。有一个未实现的方法 int Compare(T x,T y)，方法有两个参数，表示要进行比较的两个对象。它还有一个返回值，返回值如果大于 0，则 x>y；如果小于 0，则 x<y；如果等于 0，则 x=y。下面来看一下示例，示例中定义了泛型集合 List<Student>，以及两个类实现 IComparer<T>接口，分别是按照年龄和姓名排序，然后根据客户选择把相应的排序类传递给 Sort()方法，实现排序功能。

```
public class Student
{
    public int stuid;
    public int age;
    public string name;
    public Student(int Stuid, int Age, string Name)
    {
```

```
                this.stuid = Stuid;
                this.age = Age;
                this.name = Name;
        }
}
//按照姓名首字母升序类
public class NameSort : IComparer<Student>
{
        //按照姓名首字母升序排序
        public int Compare(Student x, Student y)
        {
                return x.name.CompareTo(y.name);
        }
}
//按照年龄升序类
public class AgeSort : IComparer<Student>
{
        //按照年龄升序排序
        public int Compare(Student x, Student y)
        {
                return x.age.CompareTo(y.age);
        }
}
```

上述代码段定义了 Student 类和两个排序类，排序类实现了 IComparer<T>接口的 int Compare(T x,T y)方法。下面代码段是主方法的代码：

```
static void Main(string[] args)
{
        Student stu1 = new Student(1, 18, "张三");
        Student stu2 = new Student(3, 20, "李四");
        Student stu3 = new Student(2, 17, "王五");
        List<Student> list = new List<Student>() { stu1, stu2, stu3 };
        Console.WriteLine("排序前顺序");
        foreach (Student stu in list)
        {
                Console.WriteLine(stu.name+"    "+stu.age.ToString());
        }
        Console.WriteLine("请选择：1.按姓名排序；2.按年龄排序");
        string select = Console.ReadLine();
        //根据客户选择，生成相应的排序对象
        switch (select)
        {
                case "1":
                        //按照姓名排序
                        list.Sort(new NameSort());
                        break;
```

```
        case "2":
            //按照年龄大小排序，使用重载版本
            list.Sort(new AgeSort());
            break;
    }
    Console.WriteLine("排序后顺序");
    foreach (Student stu in list)
    {
        Console.WriteLine(stu.name + ""+ stu.age.ToString());
    }
    Console.ReadKey();
}
```

代码中的 switch 结构可以根据客户的选择进行相应的排序——生成相应的排序类并传递给 Sort()方法，代码编译执行后的结果如图 11-15 所示。

图 11-15

【单元小结】

- 集合用于管理在运行时动态创建的元素项。
- ArrayList 在 Array 的基础上提供了动态的特性。
- 用户可以使用 HashTable 类将数据、键作为一组来存储，这些数据是根据键进行组织的。
- 集合类属于System.Collections命名空间，泛型集合类属于System.Collections.Generic 命名空间。
- 泛型可以提高减少程序的代码量，并能实现安全和提高效率。
- List<T>是最常用的泛型集合类。
- 实现 IComparable 接口的类，那么在集合中它的对象就可以使用默认排序方式进行排序。
- 泛型接口提供类型安全，并且简化了实现代码。
- 实现 IComparer<T>接口的排序类对象传递给 Sort()方法可以根据应用程序的业务逻辑进行相应的排序。

【单元自测】

1. 用户通过(　　　)类将数据作为一组键值对来存储,这些值数据是根据键来组织的。

   A. ArrayList　　　　　　　　　　B. Array

   C. HashTable　　　　　　　　　　D. List<T>

2. 下列泛型集合声明正确的是(　　　)。

   A. List<int> f = new List<int>();　　　B. List<int> f = new List();

   C. List f = new List();　　　　　　　D. List<int> f = new List<int> ;

3. 关于泛型集合 List<T>说法错误的是(　　　)。

   A. List<T>在获取元素时需要进行类型转换

   B. List<T>是通过索引访问集合中的元素

   C. List<T>可以根据索引删除元素,还可以根据元素名称删除

   D. 定义 List<T>对象需要实例化

【上机实战】

上机目标

- 掌握 HashTable 集合类的用法。
- 掌握 ArrayList 集合类的用法。
- 掌握 List<T>泛型集合的用法。
- 熟练掌握 IComparable<T>接口的实现。
- 掌握 IComparer<T>接口实现多种排序方式。

上机练习

◆　第一阶段　◆

练习 1:存储并检索员工信息

【问题描述】

员工信息包括员工号(int)、员工姓名和薪水,利用员工号作为键对象存储和检索员工信息。

【问题分析】

首先定义一个员工类 Employee,然后把员工号作为键对象把员工作为值对象存放到一个 HashTable 中,再根据用户输入的员工号取出对象的值对象。

【参考步骤】

(1) 新建一个名称为 HashtableTest 的控制台应用程序。

(2) 添加一个 Employee 类，代码如下。

```
class Employee
{
    private int empID; //员工号
    private string empName;   //员工姓名
    private int empSalary;   //员工薪水
    public Employee(int id, string name, int salary)
    {
        this.empID = id;
        this.empName = name;
        this.empSalary = salary;
    }
    public override string ToString()
    {
        return   $"员工号：{empID}，姓名：{empName}，薪水：{empSalary}";
    }
}
```

(3) 为 Program 类引入 System.IO 命名空间。

(4) 修改 Main()方法，代码如下。

```
static void Main(string[] args)
{
    Hashtable ht = new Hashtable();
    ht.Add(1, new Employee(1,"乐星星",3000));
    ht.Add(4, new Employee(4, "吴雪", 2000));
    ht.Add(3, new Employee(3, "吴刚", 1500));
    ht.Add(2, new Employee(2, "陈晶", 3500));
    Console.Write("你要查找哪位员工的信息：");
    int number;
    try
    {
        number = int.Parse(Console.ReadLine());
    }
    catch(FormatException fe)
    {
        Console.Write("员工号必须是整数！请重新输入：");
        number = int.Parse(Console.ReadLine());
    }
    if (ht.ContainsKey(number))
    {
        Employee emp = (Employee)ht[number]; //利用索引器获得键对应的值对象
        Console.WriteLine(emp.ToString());
```

```
        }
        else
        {
            Console.WriteLine("你输入的员工编号不存在！");
        }
        Console.ReadKey();
    }
```

由于员工号是整数，所以在用户输入员工号时需要做必要的异常处理。用户输入员工号后还要判断这个员工号是否存在，如果不存在则输出提示信息，如果存在则利用索引器得到和员工号对应的员工对象并输出该对象。

(5) 按 Ctrl+F5 键运行代码，结果如图 11-16 所示。

图 11-16

练习2：按员工号排序输出

【问题描述】

修改练习 1，使之可以按员工号从小到大排序并输出。

【问题分析】

HashTable 类没有提供排序的方法，不能直接实现按键对象排序。但 ArrayList 类有排序的方法，可以把所有的键对象存放到一个 ArrayList 中，排序完成再从中依次取出每一个键对象并输出对应的员工对象。

【参考步骤】

(1) 直接修改练习 1 中的 Main()方法如下。

```
static void Main(string[] args)
{
    Hashtable ht = new Hashtable();
    ht.Add(1, new Employee(1,"乐星星",3000));
    ht.Add(4, new Employee(4, "吴雪", 2000));
    ht.Add(3, new Employee(3, "吴刚", 1500));
    ht.Add(2, new Employee(2, "陈晶", 3500));
    //把 ht 的键对象全部复制到一个 ArrayList 中
    ArrayList al = new ArrayList(ht.Keys);
    al.Sort();
    //排序完成输出
    for (int i = 0; i < al.Count; i++)
    {
```

```
        object e = al[i];
        Employee temp = (Employee)ht[e];
        Console.WriteLine(temp);
    }
    Console.ReadKey();
}
```

在代码中 ht.Keys 返回 ht 中所有的键对象构成的集合，把该集合传递给 ArrayList 的构造方法则得到一个包含所有键对象的动态数组，调用 Sort()方法把所有的键对象从小到大排序。从排完序的 ArrayList 中依次取出每一个对象，再在 ht 中取出对应的员工对象并输出该对象。

(2) 运行得到如图 11-17 所示的结果。

图 11-17

练习 3：IComparable<T>接口的实现

【问题描述】
编写应用程序，实现查看销售员(Seller 类)的销售额(saleroom)排名。

【问题分析】
销售员类具有三个成员：姓名、年龄和销售额，如果直接调用 Sort()方法进行排序，程序执行时会出现异常。要想实现排序，必须实现 IComparable<T>接口，指定以销售额(saleroom)的降序进行排序。

【参考步骤】
(1) 新建一个名为 SaleroomTest 的控制台应用程序。
(2) 选择“项目”|“添加类”命令，将文件名改为 Seller，在该类中添加如下代码。

```
public class Seller:IComparable<Seller>
{
    public string name;
    public int age;
    public float saleroom;
    public Seller(string Name, int Age,float Saleroom)
    {
        this.name = Name;
        this.age = Age;
        this.saleroom = Saleroom;
```

```
        }
        public int CompareTo(Seller other)
        {
            return other.saleroom.CompareTo(this.saleroom);
        }
    }
```

(3) 在 Main()方法中添加如下代码。

```
class Program
{
    static void Main(string[] args)
    {
        Seller stu1 = new Seller("张三", 18, 15000);
        Seller stu2 = new Seller("李四", 20, 25000);
        Seller stu3 = new Seller("王五", 19, 20000);
        List<Seller> list = new List<Seller>() { stu1,stu2,stu3};
        Console.WriteLine("原始顺序");
        foreach (Seller s in list)
        {
            Console.WriteLine(s.name+"    销售额："+s.saleroom.ToString());
        }
        list.Sort();
        Console.WriteLine("排序后顺序");
        foreach (Seller s in list)
        {
            Console.WriteLine(s.name + "    销售额： " + s.saleroom.ToString());
        }
        Console.ReadKey();
    }
}
```

(4) 按 Ctrl+F5 键运行代码，输出结果如图 11-18 所示。

图 11-18

◆ 第二阶段 ◆

练习4：编写多个类实现 IComparer<T>接口，实现多种排序方式查看销售员信息

【问题描述】

继续完善上面示例，编写按照销售员姓名升序和销售员年龄降序排序查看销售员信息。

【问题分析】

- 添加两个排序类，分别实现 IComparer<T>接口，实现各自的排序方式。
- 修改 Main()方法，提示客户选择查看销售员信息的排序方式。
- 根据客户选择生成相应的排序类，传递给 Sort()方法。

练习5：使用 List<T>和 SortedList<TKey,TValue>改写练习2

【问题描述】

用 SortedList<TKey,TValue>来存储员工信息，用 List<T>来存储员工号信息，按员工号排序并输出所有员工信息。

【问题分析】

- Employee 类不用做任何改变。
- 利用 SortedList<int, Employee>替换 HashTable。
- 利用 List<int>替换 ArrayList。

 提示

用下面的代码初始化 SortedList<int, Employee>实例：

SortedList<int, Employee> sl = new SortedList<int, Employee>();

把 sl 中的所有键对象添加到一个 List<int>中的代码如下：

List<int> list = new List<int>();
list.AddRange(sl.Keys);

【拓展作业】

1. 利用 Dictionary<TKey,TValue>存储多个城市的电话号码区号，查找并输出某个区号属于哪个城市。

2. 添加三个类，分别实现 IComparer<T>接口，实现对 Book 类的三个字段排序，效果如图 11-19 所示。

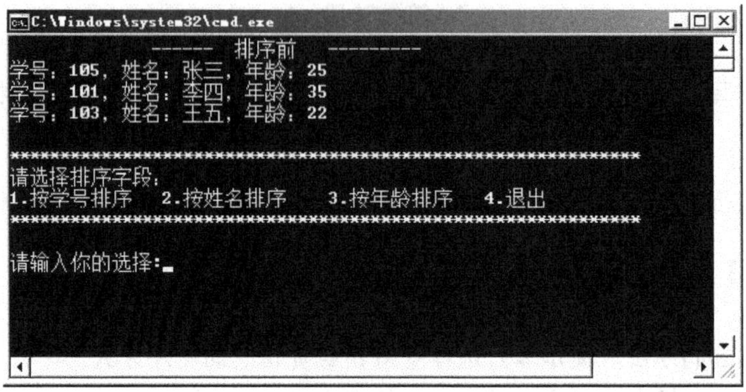

图 11-19

单元 十二

LINQ

 课程目标

► 掌握 LINQ 查询表达式的使用

► 掌握 LINQ 查询方法

► 掌握 LINQ 查询的延迟加载方法

► 掌握基本 LINQ 查询操作符的使用

► 理解 LINQ 是如何实现不同数据源相同查询语法的

 **简 介**

当前社会信息技术蓬勃发展，软件需要处理的数据量越来越庞大，出现的数据存储格式也越来越多，这给开发人员进行数据查询工作增加了复杂性，因为开发人员不得不为不同的数据源学习不同的数据查询语言。为了解决这个问题，微软于.NET Framework 4.5 开始推出了 LINQ，LINQ 是 Language Integrate Query 的缩写，它的中文含义是"语言集成查询"，它实现了用相同的语法对不同的数据源类型进行查询的功能。

12.1 LINQ 查询表达式

根据查询的数据源不同，LINQ 可以分为以下几个主要技术方向。

(1) LINQ to Object：数据源为直接或者间接实现了 IEnumerable<T>接口的内存数据集合，譬如我们上一单元学习过的泛型集合。

(2) LINQ to Entities：数据源为 EntityFramework 中的 DbQuery<T>类，EntityFramework 是目前 .NET 平台中主流的 ORM 框架，LINQ to Entities 的作用就是帮助我们在 EntityFramework 上下文中查询实体。

(3) LINQ to XML：数据源为 XML 文档，通过将 XML 文档以 XElement、XAttribute 类的对象的形式加载到内存中，再利用 LINQ 语法进行数据查询。

在这 3 种 LINQ 查询中，LINQ to Object 最基础也最常使用，下面我们通过一个 LINQ to Object 例子来演示 LINQ 查询表达式的使用。

```
using System;
using System.Collections.Generic;
using System.Linq;

namespace Demo
{
    class Program
    {
        static void Main(string[] args)
        {
            //list 数据源，List<int>数据类型，实现了 IEnumerable<T>接口，所以可以使用 LINQ
            List<int> list = new List<int>() { 1, 7, 4, 8, 12,46 };
            var _list = from i in list
                                where i < 10
                                orderby i
                                select i;
            foreach (var i in _list)
            {
                Console.WriteLine(i);
            }
```

```
                Console.ReadKey();
            }
        }
    }
```

执行结果如图 12-1 所示。

图 12-1

从代码的字面意思看，赋值给_list 变量的表达式，对 list 数据源首先进行了 where 过滤，过滤掉了大于 10 的数据，然后根据自身大小进行了排序，执行结果图印证了对代码的解读。注意代码中引入了 System.LINQ 命名空间(后面我们会讲原因)。下面详细分析赋值给_list 变量的表达式语句。

语句：

```
from i in list
where i < 10
orderby i
select i;
```

就是一个 LINQ 查询，其子句中 from、where、orderby、select 关键字都是 LINQ 预定义的关键字。所有的 LINQ 查询表达式都必须以 from 子句开始，以 select 或者 group 子句结束，在开头子句和结束子句之间，可以使用 where、orderby、join 或其他 from 子句。

LINQ 查询表达式开头的 from 子句用于指定数据源，其格式如下。

```
from [单个数据源元素] in [数据源]
```

LINQ 查询表达式结束的 select 子句用于指定返回的目标数据，其格式如下。

```
select [目标元素]
```

在这两个子句之间可以插入的其他子句，如 where、orderby 等，将在后续案例中演示。需要指出的是，LINQ to Object 查询最终返回的数据类型是 IEnumerable<T>类型的，这里的 T 根据结束子句 "select [目标元素]" 的 "目标元素" 数据类型而定。由于返回类型实现了 IEnumerable<T>接口，所以其返回数据还可以被作为数据源进行 LINQ 查询。

为什么 LINQ 查询表达式可以帮助我们实现查询操作呢？还记得我们这里实现 LINQ 查询的前提条件是什么吗？前提是数据源实现了 IEnumerable<T>接口。微软在 System.Core 程序集下的 System.Linq 命名空间下创建了一个名为 Enumerable 的静态类，在这个静态类中为实现了 IEnumerable<T>接口的对象扩展了很多方法，其中有 Where()方法、OrderBy()方法,当编译器编译我们的代码，发现是 LINQ 表达式的时候，它就会转成对应的扩展方法，帮助我们对数据源进行处理。这也是我们要引入 System.Linq 命名空间的原因，因为不引入此命名空间就无法将对应的扩展方法加载到我们的程序中。

12.2　LINQ 查询方法

在上面一节中我们演示了一个简单的 LINQ 查询表达式示例，并指出 LINQ 查询表达式实际上是调用了定义在 System.Linq 命名空间下对应的扩展方法，其实我们也可以直接使用这些扩展方法，我们将这些方法称为 LINQ 查询方法。下面通过直接使用 LINQ 查询方法演示上一节的示例。

```
using System;
using System.Collections.Generic;
using System.Linq;

namespace Demo
{
    class Program
    {
        static void Main(string[] args)
        {
            //list 数据源，List<int>数据类型，继承了 IEnumerable<T>接口，所以可以使用 LINQ
            List<int> list = new List<int>() { 1, 7, 4, 8, 12,46 };
            var _list = list.Where(i => i < 10).OrderBy(i => i);
            foreach (var i in _list)
            {
                Console.WriteLine(i);
            }
            Console.ReadKey();
        }
    }
}
```

执行代码，结果和图 11-1 是一致的。

需要注意的是，LINQ 查询方法中要求我们传入的是委托，结合我们之前学习的 lambda 表达式，我们只需要按照方法参数中的委托定义传入对应的 lambda 表达式即可。例如，where 扩展方法的定义如下：

```
public static IEnumerable<TSource> Where<TSource>(this IEnumerable<TSource> source,
Func<TSource, bool> predicate);
```

此扩展方法要求我们传入一个 Func<TSource,bool>委托，此委托返回类型为 bool，传入参数的数据类型为数据源中元素的数据类型。结合前面的案例，我们是对整形集合进行过滤，传入的是 "i=>i<10" 这样一个 lambda 表达式，意即方法的传入参数为 TSource 类型参数 i，如果 i 满足小于 10 的条件返回 true，则保留元素，如果不满足返回 false，即将元素过滤掉。

12.3　LINQ 查询的延迟加载

通过前面两节的学习，我们已经学习到了使用 LINQ 对数据源进行查询的语法。但是事实上，我们的 LINQ 查询其实并没有真的对数据源进行查询，查询实际上发生于迭代数据项时。对于这段话，我们通过下面的例子来演示。

```csharp
using System;
using System.Collections.Generic;
using System.Linq;

namespace Demo
{
    class Program
    {
        static void Main(string[] args)
        {
            //list 数据源  List<int>数据类型  继承了 IEnumerable<T>接口  所以可以使用 LINQ
            List<int> list = new List<int>() { 1, 7, 4, 8, 12,46 };
            var _list = list.Where(i => i < 10).OrderBy(i => i);
            Console.WriteLine("第 1 次遍历_list");
            foreach (var i in _list)
            {
                Console.WriteLine(i);
            }
            Console.WriteLine();
            list.Add(2);
            list.Add(3);
            Console.WriteLine("第 2 次遍历_list");
            foreach (var i in _list)
            {
                Console.WriteLine(i);
            }
            Console.ReadKey();
        }
    }
}
```

执行结果如图 12-2 所示。

图 12-2

仔细研读代码和执行结果图，我们会发现如下问题：

在代码中我们定义了一个名为 list 的变量，指向了一个泛型集合，然后使用 LINQ 查询语法对这个 list 进行了"查询"，并将这个"查询"赋值给了一个名为_list 的变量，接下来遍历了_list，接着给 list 集合又添加了两个元素，最后再一次遍历了_list。

分析以上代码流程，我们在使用 LINQ 查询将值赋给_list 变量之后，对_list 进行了两次遍历，在这两次遍历之间，虽然我们往 list 里面添加了两个新的元素，但是我们没有对_list 进行操作，如果 LINQ 查询是将结果查询到后，存储到了_list 指向的内存中，那么两次遍历的结果应该是一样的，但是执行显示两次遍历的结果却不同，它受到了往 list 中插入数据的影响，这是为什么呢？

这就是本节第一段所说的，LINQ 查询并没有真的在查询语句处进行对数据源的查询，查询发生在遍历迭代数据项时，即所谓 LINQ 查询延迟加载。我们可以将 LINQ 查询仅仅理解成是一个表达式，编译的时候它被存于程序集中，程序运行时，它并没有被拿去执行对数据源的查询，而是当我们去遍历或者读取数据结果的时候，这个表达式才被执行去查询数据源。所以代码中两次对_list 的遍历，是两次重新对 list 的查询，这就解释了为什么第二次查询结果受到了往 list 插入数据的影响。

利用 LINQ 查询延迟加载的特性，我们可以检测出数据源的变化，但是当我们对查询结果进一步调用 ToArray()、ToList()方法之后，返回的数组或者集合会丧失延迟加载的特性，因为这两个操作会在内存中开辟空间，并需要将查询结果存入内存中。代码演示如下：

```csharp
using System;
using System.Collections.Generic;
using System.Linq;

namespace Demo
{
    class Program
    {
        static void Main(string[] args)
        {
            //list 数据源，List<int>数据类型，继承了 IEnumerable<T>接口，所以可以使用 LINQ
            List<int> list = new List<int>() { 1, 7, 4, 8, 12,46 };
            //在查询语句的最后使用了 ToList()
            var _list = list.Where(i => i < 10).OrderBy(i => i).ToList();
            Console.WriteLine("第 1 次遍历_list");
            foreach (var i in _list)
            {
                Console.WriteLine(i);
            }
            Console.WriteLine();
            list.Add(2);
            list.Add(3);
            Console.WriteLine("第 2 次遍历_list");
            foreach (var i in _list)
```

```
        {
            Console.WriteLine(i);
        }
        Console.ReadKey();
    }
  }
}
```

执行结果如图 12-3 所示。

图 12-3

图 12-3 证实了我们前面所说的，在 ToList()之后，LINQ 查询被执行了，查询到的结果被存储在了内存中，成为了一个新的数据源，一个与 list 没有关系的数据源，所以即便后来我们再次往 list 中添加新的数据，对_list 进行遍历，结果也不会受到影响。

12.4 LINQ 查询操作符

在本单元开始的简介里面，我们提到 LINQ 可以实现对不同的数据源使用相同的查询语法，本节我们将介绍实现这一功能的基础——LINQ 查询操作符。

12.4.1 LINQ 实现对不同的数据源使用相同的查询语法

在前面三节，我们多次基于 LINQ to Object，对内存中的数据集合进行了查询，本节我们将以一个 LINQ to XML 的示例开始。

首先我们在 Visual Studio 上创建一个控制台项目，并在项目目录下创建一个名为 xml4linq 的 XML 的数据源文件，XML 内容如下。

```xml
<?xml version="1.0" encoding="utf-8" ?>
<School>
  <Grade gradeName="1">
    <Class>101 班</Class>
    <Class>102 班</Class>
  </Grade>
  <Grade gradeName="2">
    <Class>201 班</Class>
    <Class>202 班</Class>
  </Grade>
```

```
  <Grade gradeName="3">
    <Class>301 班</Class>
    <Class>302 班</Class>
  </Grade>
</School>
```

在此文件上单击右键选择"属性"，将复制到输出目录设置为"如果较新则复制"。
接下来，我们在 Program.cs 文件下写入如下代码。

```csharp
using System;
using System.Linq;
using System.Xml.Linq;

namespace Demo
{
    class Program
    {
        static void Main(string[] args)
        {
            XElement root = XElement.Load(@"xml4linq.xml");
            //使用 LINQ 查询表达式
            var grades = from grade in root.Elements("Grade")
                          where grade.Attribute("gradeName").Value != "1"
                          select grade;
            foreach (var item in grades)
            {
                Console.WriteLine(item);
            }
            Console.WriteLine();
            //使用 LINQ 查询方法 Descentdants()获取所有子代元素
            var classes = grades.Where(g => g.Attribute("gradeName").Value == "3").Descendants();
            foreach (var item in classes)
            {
                Console.WriteLine(item);
            }
            Console.ReadKey();
        }
    }
}
```

生成项目，执行效果如图 12-4 所示。

图 12-4

仔细阅读分析我们对 XML 文件使用的 LINQ 查询，它使用的语法和我们前三小节中对泛型集合进行的 LINQ 查询都使用了 Where()、Select()方法，语法风格是一致的，也即我们前面所说的用相同的语法对不同的数据源进行查询。

在 LINQ 中我们将 Where、Select 称为 LINQ 查询操作符，除了这两个操作符以外还有很多别的操作符，如：OrderBy、ThenBy、Any、All 等。正是由于这些共用的操作符(通用操作符)才使得我们对不同的数据源的 LINQ 查询语法保持了一致性，即实现了所谓相同语法查询不同数据源。

需要指出的是，虽然语法是相同的，但是有时还需要数据源对应特定的方法的支持，比如本节例子中我们使用到的 Attribute()和 Descendants()方法，这些方法是 XML 的 LINQ 查询特有的，不是通用的，它们位于 System.Xml.Linq 程序集的 System.Xml.Linq 命名空间下，所以在代码中我们还引入了 System.Xml.Linq 命名空间。这就又引出了一个知识点，针对各种不同的数据源，它们要满足能使用 LINQ 查询，就都必须满足实现一些固定的标准的查询操作符，这样才能保证 LINQ 查询语法一致，但是针对各种数据源的特殊性，又可以扩展更多的方法，以提高其查询的便利性。

12.4.2　LINQ 标准查询操作符

在上一小节我们指出，LINQ 对不同数据源进行查询的语法一致是因为不同数据源的查询都基于一些固定的标准的查询操作符,我们将这些固定的操作符称为标准查询操作符,所有针对不同数据源的 LINQ 提供程序都必须实现标准查询操作符，表 12-1 展示了位于 System.Linq 命名空间下的 Enumerable 类定义的部分标准查询操作符。

表 12-1

标准查询操作符	功　　能
Where	根据指定条件对数据源进行过滤
Select	把数据源中的元素投射成一个新的对象
OrderBy OrderByDescending ThenBy Reverse	用于改变返回元素的顺序，OrderBy按升序排列,OrderByDescending按降序排列；ThenBy、ThenByDescending 在第一次排序的基础上进行第二次排序，ThenBy是升序，ThenByDescending 是降序；Reverse 反转集合中元素的顺序
Any Contains	Any 用于确定集合中是否有满足指定谓词函数的元素； Contains 用于检查某个元素是否在集合中
Distinct Except Zip	从集合中删除重复的元素； Except 返回只出现在调用集合中的元素； Zip 把两个集合合并成一个
First FirstOrDefault Last LastOrDefault Single	First返回数据集合中第一个满足条件的元素,如果没有满足条件的元素会抛出异常；FirstOrDefault类似于First，但是没有满足条件元素的时候，返回类型默认值，不抛出异常；Last返回最后一个满足条件的元素，否则抛出异常；LastOrDefault类似于Last，但是没有满足条件的元素不抛出异常，返回默认值；Single返回一个满足条件的元素，如果有多个元素满足条件则抛出异常

标准查询操作符	功　　能
Count Sum Min Max Average	Count 用于返回所有元素的个数； Sum 用于求和； Min 求值最小元素； Max 求值最大元素； Average 求平均值
ToArray ToList	ToArray 将查询结果转成数组； ToList 将查询结果转成集合

　　读者朋友们将书翻到我们之前学习的泛型集合章节，会发现为泛型集合列举的扩展方法都在上表中。聪明的你肯定意识到了泛型集合的这些方法正是来自 LINQ。下面我们通过一个示例来演示对以上部分标准操作符的使用。

```csharp
using System;
using System.Collections.Generic;
using System.Linq;

namespace Demo
{
    class Program
    {
        static void Main(string[] args)
        {
            Person p1 = new Person("李杨", 31);
            Person p2 = new Person("诸葛盼", 23);
            Person p3 = new Person("诸葛浪", 26);
            Person p4 = new Person("黄超", 27);
            // List<Person>实现了 IEnumerable<T>接口，可以使用 Linq 查询
            List<Person> list = new List<Person>() { p1, p2, p3, p4 };
            List<string> listName = list.Where(p => p.Age > 25)//过滤掉年龄不超过 25 岁的人
                .OrderByDescending(p => p.Age)//按照年龄降序排列
                .Select(p => p.Name)//将查询结果投射成名字
                .ToList();//将结果转成集合
            Console.WriteLine($"年龄超过 25 岁共有{listName.Count()}人，按年龄由大到小进行排
                        序结果如下： ");
            //遍历集合
            foreach (var name in listName)
            {
                Console.WriteLine(name);
            }
            Console.WriteLine();

            Console.WriteLine($"所有 4 个人的平均年龄是{list.Average(p=>p.Age)}岁");
            Console.WriteLine($"所有 4 个人的总年龄是{list.Sum(p => p.Age)}岁");
            Console.WriteLine($"所有 4 个人中最大的{list.Max(p => p.Age)}岁");
```

```
            //获取唯一一个年龄小于 25 岁的人，如果有多个会抛出异常
            Person pUnder25 = list.Single(p => p.Age < 25);
            Console.WriteLine($"唯一一个年龄小于 25 岁的是{pUnder25.Age}岁的
                                {pUnder25.Name}");

            Console.ReadKey();

        }
    }
    public class Person
    {
        public Person(string argName,int argAge)
        {
            Name = argName;
            Age = argAge;
        }
        /// <summary>
        /// 姓名
        /// </summary>
        public string Name { get; set; }
        /// <summary>
        /// 年龄
        /// </summary>
        public int Age { get; set; }
    }
}
```

执行效果如图 12-5 所示。

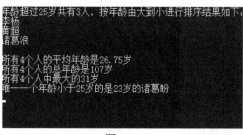

图 12-5

希望读者朋友们参照示例，尝试使用其他未在示例中演示的查询操作符对数据源进行查询练习。

12.5 LINQ 提供程序

System.Linq 命名空间下的 Enumerable 类为 IEnumerable<T>接口扩展了 LINQ 查询操作符对应的方法，在之前的内容中我们对泛型集合进行查询使用到的 Where 查询就来自

Enumerable 类，我们在对 XML 进行查询的时候使用到的 Where 查询也是来自 System.Linq 命名空间下的 Enumerable 类。但是，是不是 LINQ 中所有的 Where 查询程序都由 Enumerable 提供呢？答案是否定的，虽然 XML 和泛型集合这两种不同的数据共用了相同的 LINQ 提供程序(确切地说是部分 LINQ 提供程序)，但是并不是所有不同数据源都共用相同的 LINQ 提供程序。譬如说，LINQ to Entities 中使用的 Where 查询，其提供程序就不来自 System.Linq 命名空间下的 Enumerable 类，而是来自 System.Linq 命名空间下的 Queryable 类。在这两个类中不但 Where()方法的实现不同，而且定义的参数也不同。

在 Enumerable 类中，Where()方法的定义如下：

```
public static IEnumerable<TSource> Where<TSource>(this IEnumerable<TSource> source,
Func<TSource, bool> predicate);
```

在 Queryable 类中，Where()方法的定义如下：

```
public static IQueryable<TSource> Where<TSource>(this IQueryable<TSource> source,
Expression<Func<TSource, bool>> predicate);
```

这两个方法扩展的接口分别是 IEnumerable<T>和 IQueryable<T>，他们的参数类型分别是 Func<T,bool>类型和 Expression<Func<T,bool>>类型。

在 LINQ to Entities 查询的时候，我查询使用的数据源是实现了 IQueryable<T>接口的，编译器在 Where 查询的时候会据此选择 Queryable 中的 Where()方法。

回到我们前面说的 LINQ to XML 和 LINQ to Object，虽说两者共用了来自 Enumerable 类的 Where 查询操作符，但是 LINQ to XML 还有自己独有的查询操作符，如我们例子中使用到的 Descendants()方法，它来自 System.Xml.Linq 命名空间下的 Extensions 类。

以上说明了不同数据源的 LINQ 提供程序，有共同的标准操作符，但是这些操作符可能依赖相同的实现，也可能依赖完全不同的实现。

【单元小结】

- 掌握 LINQ 查询表达式。
- 掌握 LINQ 查询方法。
- 理解 LINQ 查询的延迟加载。
- 理解 LINQ 标准查询操作符。
- 了解如何使用 LINQ 对 XML 进行查询。
- 理解不同的数据源，其 LINQ 提供程序其实是不同的。

【单元自测】

1. 下列关于 LINQ 查询表达式的说法错误的是(　　)。

    A. LINQ 查询表达式中，from、where、orderby、select 等都是查询中预定义的关键字

    B. LINQ 查询表达式必须以 from 子句开头

C. LINQ 查询表达式子句必须以 select 子句结束

D. 在 LINQ 开始子句与结束子句之间，可以使用 where、orderby、join、let 和其他 from 子句

2. 下列关于 LINQ 查询方法的说法错误的是(　　)。

A. 编译器编译 LINQ 查询表达式的时候，实际上是将其转成了 LINQ 查询方法

B. LINQ 查询方法实际上是为相应接口定义的扩展方法

C. 对于 IEnumerable<T>的 LINQ 扩展方法，其返回值也是 IEnumerable<T>类型的，所以可以对一个实现了 IEnumerable<T>接口的数据源在一个 LINQ 方法查询后追加其他 LINQ 方法查询

D. 以上说法都错

3. 执行以下代码输出的元素个数统计结果是(　　)。

```
using System;
using System.Collections.Generic;
using System.Linq;

namespace Demo
{
    class Program
    {
        static void Main(string[] args)
        {
            List<int> list = new List<int>() { 1, 4, 7, 10, 21, 30, 23 };
            var _list1 = list.Where(i => i > 20);
            var _list2 = list.Where(i => i > 20).ToList();
            Console.WriteLine("第 1 次统计");
            Console.WriteLine("_list1 元素的个数为："+_list1.Count());
            Console.WriteLine("_list2 元素的个数为： " + _list2.Count());
            list.Add(23);
            list.Add(32);
            Console.WriteLine("第 2 次统计");
            Console.WriteLine("_list1 元素的个数为： " + _list1.Count());
            Console.WriteLine("_list2 元素的个数为： " + _list2.Count());
            Console.ReadKey();
        }
    }
}
```

A. 3，3，5，3　　　　　　B. 3，3，3，3

C. 3，3，5，5　　　　　　D. 3，3，3，5

4. 下面哪一查询操作符如果没有查到数据会抛出异常？ (　　)

A. Where　　　B. FirstOrDefault　　C. First　　　D. Count

5. 请简述 LINQ 查询是如何实现使用相同语法对不同数据源进行查询的。

【上机实战】

上机目标

- 掌握使用 LINQ 查询表达式。
- 掌握 LINQ 查询方法。
- 掌握常用 LINQ 查询操作符的用法。
- 理解 LINQ 查询的延迟加载。

上机练习

◆ 第一阶段 ◆

练习 1：统计分析一个班级中的学生数据

【问题描述】

给定一个学生集合，代表班级中的学生数据，分别求出女生的数量、女生的平均身高和身高低于 170cm 的女生最高的是谁。要求程序中要使用到 LINQ 查询表达式和 LINQ 查询方法。

【问题分析】

要求女生的相关信息就必须过滤掉男生的信息，在 LINQ 中 Where 查询操作符用于过滤，此外 Count 操作符用于统计，Select 用于投射数据，Average 操作符用于统计平均数，OrderByDescending 用于降序排列，FirstOrDefault 用于求第一个元素。

【参考步骤】

(1) 创建一个名为 StudentAnalysis 的控制台项目。

(2) 创建一个拥有姓名、性别、身高属性的类文件 Student.cs，代码如下。

```
namespace StudentAnalysis
{
    //学生类
    public class Student
    {
        public Student(string argName,bool argIsMale,int argHeight)
        {
            StudentName = argName;
            IsMale = argIsMale;
            Height = argHeight;
        }
```

```
            /// <summary>
            /// 学生姓名
            /// </summary>
            public string StudentName { get; set; }

            /// <summary>
            /// 性别是否是男性，如果是 true 代表是男生，否则代表女生
            /// </summary>
            public bool IsMale { get; set; }

            /// <summary>
            /// 身高单位是厘米，如果值为 170，代表 1.7 米
            /// </summary>
            public int Height { get; set; }
        }
    }
```

(3) 在 Program 类的主方法里面创建一个学生类的集合用于演示，Program 类中的完整代码如下。

```
using System;
using System.Collections.Generic;
using System.Linq;

namespace StudentAnalysis
{
    class Program
    {
        static void Main(string[] args)
        {
            //演示数据
            Student s1 = new Student("李杨", true, 178);
            Student s2 = new Student("诸葛盼", false, 172);
            Student s3 = new Student("李丽", false, 166);
            Student s4 = new Student("杨满意", true, 200);
            Student s5 = new Student("黄琼", false, 158);
            Student s6 = new Student("王浪", true, 168);
            Student s7 = new Student("彭艳", false, 171);
            List<Student> Students = new List<Student>() { s1,s2,s3,s4,s5,s6,s7 };

            //利用 where 过滤男生，count 求女生数量
            var Students_female = Students.Where(s => s.IsMale == false).Count();
            //where 过滤男生，select 将学生集合投射成身高集合，average 求女生平均身高
            var averageHeight_female = Students.Where(s => s.IsMale == false).Select(s =>
                s.Height).Average();
            //身高低于 170cm 的最高的女生
```

```
Student U170_TallestGirl= Students.Where(s => s.IsMale == false)//过滤掉男生
            .Where(s => s.Height < 170)//过滤掉高于 170cm 的学生
            .OrderByDescending(s => s.Height)//按照降序排列学生
            .FirstOrDefault();//取集合中第一个学生
Console.WriteLine($"班级里共有{Students_female}个女生");
Console.WriteLine($"班级里女生的平均身高是{averageHeight_female}");
Console.WriteLine($"班级里身高不满 170cm 的女生中最高的是
            {U170_TallestGirl.StudentName}" +
            $",她的身高是{U170_TallestGirl.Height}");
Console.ReadKey();
            }
        }
    }
```

运行该代码，结果如图 12-6 所示。

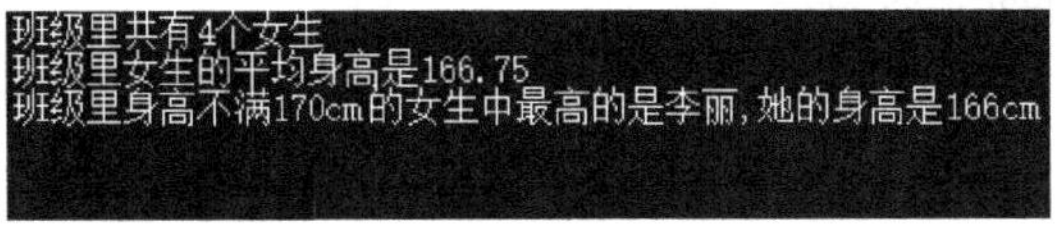

图 12-6

练习 2：利用 LINQ 查询延迟加载的特性用一条查询语句实现对变动中的数据源的正确查询

【问题描述】

在程序中有一个存储整型数据的集合，创建一个查询表达式，要求能动态展示集合中大于 50 的数据，此后即便对数据集合中的元素做了修改，查询表达式依然能正确查询出集合里面满足条件的信息。

【问题分析】

实现了 IEnumerable<T>接口的查询，当返回值依然是 IEnumerable<T>类型的时候，查询实际没有执行，当遍历的时候，查询才发生。

【参考步骤】

(1) 新建一个名为 LazyQuery 的控制台项目。

(2) 在 Program.cs 中编写代码如下:

```
using System;
using System.Collections.Generic;
using System.Linq;

namespace LazyQuery
{
    class Program
    {
        static void Main(string[] args)
        {
```

```
        List<int> numbers = new List<int>() { 12,23,33,32,31,54,26,64 };
        var bigNumbers = numbers.Where(n => n > 50);
        Console.WriteLine($"初始时共有{bigNumbers.Count()}条数据大于 50，它们是：");
        foreach (var item in bigNumbers)
        {
                Console.WriteLine(item);
        }
        Console.WriteLine("请输入数据填入数值集合中，如果输入了 Over，将结束输入");
        bool b = true;
        while (b)
        {
                string input = Console.ReadLine();
                //比较输入的值和 over 是否相等，忽略大小写
                if (input.Equals("over",StringComparison.OrdinalIgnoreCase))
                {
                        break;
                }
                //try...catch 将在下一单元学习，如果输入数据正确，就加入集合中，否则要求重
                 新输入
                try
                {
                        int _input = int.Parse(input);
                        numbers.Add(_input);
                }
                catch (Exception)
                {

                        Console.WriteLine("输入有误，不是整型数据，请重新输入");
                }

        }
        Console.WriteLine($"新插入数据之后，集合中共有{bigNumbers.Count()}条数据大于
            50，它们是：");
        foreach (var item in bigNumbers)
        {
                Console.WriteLine(item);
        }
        Console.ReadKey();
    }
  }
}
```

(3) 运行程序，结果如图 12-7 所示。

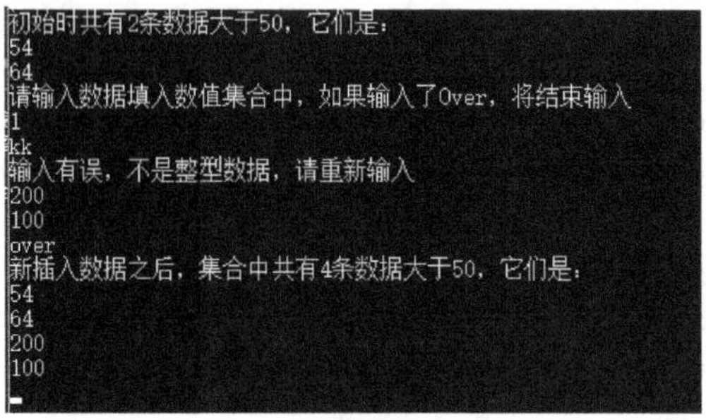

图 12-7

练习 3：在控制台项目中对XML进行LINQ查询，XML数据为一所学校里面的年级、班级、学生信息数据，请查询出彭蕾蕾同学所在班级的学生信息数据。XML文件数据如下所示

```xml
<?xml version="1.0" encoding="utf-8" ?>
<School>
  <Grade gradeName="1">
    <Class className="101 班">
      <Student Sex="男">周杨</Student>
      <Student Sex="女">李浪</Student>
      <Student Sex="女">朱浪</Student>
    </Class>

    <Class className="102 班">
      <Student Sex="男">张三</Student>
      <Student Sex="男">李四</Student>
      <Student Sex="女">章二</Student>
    </Class>
  </Grade>
  <Grade gradeName="2">
    <Class className="201 班">
      <Student Sex="男">李盼</Student>
      <Student Sex="女">王超</Student>
      <Student Sex="男">蔡龙</Student>
      <Student Sex="女">彭蕾蕾</Student>
      <Student Sex="男">李鑫</Student>
    </Class>

    <Class className="202 班">
      <Student Sex="男">柯建</Student>
      <Student Sex="男">黄建</Student>
      <Student Sex="女">毛毛</Student>
    </Class>
  </Grade>
</School>
```

【拓展作业】

1. 创建一个 json 数据源，利用 LINQ to Json 对该数据源进行查询。
2. 总结 LINQ 查询为我们开发带来的便利性。

调试和异常处理

 课程目标

▶ 理解如何调试应用程序和排除错误

▶ 在程序中进行异常捕获和异常处理

 **简 介**

开发应用程序的过程中往往要不断地修改代码才能实现预定的功能，这个过程就是调试。而有些问题，如输入了不合法的数据等，是可以预见但不一定会发生的，处理这种有可能出现的问题的方法就是使用异常处理。本单元将详细讨论如何对 C#中的应用程序进行调试以及如何进行异常处理。

13.1 调试

所谓程序调试，是编写的程序投入实际运行前，用手工或编译程序等方法对源代码进行测试，修正语法错误和逻辑错误的过程，这是保证计算机信息系统正确性的必不可少的步骤。

13.1.1 调试的必要性

以某大型购物中心的场景为例，该中心使用计算机处理其计费系统。此系统接受顾客所购所有商品的名称和价格，计算总额，减去折扣(如果有)，然后输出最终的账单金额。假设在事务处理过程中，收银员的计算机屏幕显示一则错误消息，然后应用程序终止，这时必须重新执行未完成的当前事务处理，还必须重新输入全部信息。但是，如果程序员已经预先编写代码对这种情况进行处理，这种错误就不会发生，系统也不会崩溃。

必须去除所有已经发现的语法错误和逻辑错误，然后才能成功部署应用程序。而在将软件视为完全可靠之前，应该先对其进行测试。软件测试过程是软件开发过程中的一个重要组成部分。但是，尽管测试有助于确定输出结果是否正确，但它无法确定错误发生的确切位置，测试是对开发人员认为正确的许多方面进行确认，直至开发人员发现其中一项不正确的过程，而调试就是找出并改正这些不正确项的过程。

例如，程序员认为变量 x 的值在某一时间为 12，或认为在调用函数 AREA(number,5) 中接收到的参数 number 和 5 的值是正确的。程序员为此如何确认？答案是使用调试工具。调试工具虽然无法确定错误，但是对于确定错误发生的原因、位置以及排除错误极为有用。Visual Studio 自带调试工具。

下面先对程序产生的错误进行分类。

- 语法错误。语法错误是编码过程中遇到的最明显的一类错误。程序员在编写代码的过程中不遵循语言规则时，就会产生语法错误。例如，C#要求程序员在每行代码的末尾加上分号，漏掉分号在编译的时候就通不过，这就被视为语法错误。
- 运行时错误。当应用程序试图执行无法实施的操作时，就会产生运行时错误。此类错误发生在运行时。例如，在程序运行过程中要拿一个变量作为除数，然而这时这个变量的值是 0，这种情况就会产生运行时错误。

- 逻辑错误。逻辑错误指语法是对的，程序也不会因为异常而终止，但不会显示所需的输出结果。例如，编程人员错误地把加号写成减号，程序不会报告错误，但是得出的数字确实是错的。此类错误仅出现在运行时，通常是由于编程人员的逻辑错误造成的，也是最难发现的程序错误。检测此类错误的唯一方式是使用一些工具来测试应用程序，以确保其提供的输出为预期结果。

表13-1列出了各种错误之间的区别。

表 13-1

语 法 错 误	运 行 时 错 误	逻 辑 错 误
C#语句的语法错误、缺少括号、拼写错误等	内存泄漏、以 0 作为除数、安全异常等	计算公式错误、算法错误等
在编译时确定	在程序运行时确定	根据结果确定
易于确定和更正	难以调试，因为此类错误仅在运行时出现	难以调试，因为此类错误只能根据结果来推断

13.1.2　调试过程

很多程序员通常都试图通过调用输出函数(如 Console.Write()等)来显示某种消息，以判断该点以前的代码是否正确执行，从而达到隔离问题的目的。这些函数还可以用来跟踪和显示程序内某个变量的值。这是一种有效的调试技术。但麻烦的是，一旦找到并解决了问题，必须从代码中删除所有输出函数的调用，这是一个相当烦琐的过程。

为简化此过程，大多数编程语言和工具都提供有调试器，以便程序员观察程序的运行时行为并跟踪变量的值，从而确定错误的位置。使用调试器的优点是，检查变量的值时不必插入任何输出语句来显示这些值。Visual Studio 为程序员提供了计算变量的值和编辑变量、挂起或暂停程序执行、查看寄存器的内容以及查看应用程序所耗内存空间的多种工具。

使用调试器时，可以在代码中插入"断点"，以便在特定行处暂停执行。断点告知调试器，程序进入中断模式，处于暂停状态。Visual Studio 中的许多调试功能都只能在中断模式下调用。通过这些功能，程序员可以检查变量的值，如果需要还可以更改变量的值，也可以检查其他数据。

在 Visual Studio 中设置断点的步骤如下。

(1) 右击所需代码行以设置断点，此时会弹出快捷菜单，如图 13-1 所示。

图 13-1

(2) 选择"插入断点"命令，设置断点所在的代码行由代码的彩色指示，且整行均为高亮显示，如图 13-2 所示。

图 13-2

 提示

> F9 键是插入断点的快捷键，再按一次 F9 键则插入的断点被取消。插入断点还可以单击要插入断点的代码行的左边灰色位置，取消断点时再单击一次即可。

图 13-3 所示为在不同的代码行设置多个断点的代码窗口。遇到断点时，程序会在设置断点所在的代码行暂停。

图 13-3

控制权位于第一个断点，代码旁的黄色箭头和黄色高亮显示便可表明这一点。要继续执行程序，可选择"调试"|"继续"命令(也可以按快捷键F5)。如果设置有更多断点，程序执行将在每个断点处再次停止，选择"调试"|"继续"命令后将会继续。遇到断点也可以按F10键单步执行，这时可以看到代码的执行顺序，还可以在下方的窗口中看到变量和对象的值。

共有两种模式可以用来生成应用程序：调试模式(Debug 模式)和发布模式(Release 模式)。调试模式可用来重复编译应用程序和排除错误，直至能够成功运行。当应用程序已经调试完毕后，应该改成发布模式编译，然后发布。调试模式下编译的应用程序文件中包含了许多调试用的代码，而发布模式会自动去掉这些调试代码，所以一般发布模式的文件比调试模式的文件小。

很多程序员在调试时喜欢使用 Console.WriteLine()把一些信息输出到窗口，以此来查找程序错误发生的位置，但是当把模式改为发布模式时这些代码的作用依然存在，并且用户也会看到输出的信息，此时不得不手工删除所有用于调试而添加的代码。可以使用Debug.WriteLine()方法来代替上面的方法。Debug.WriteLine()方法用于在调试模式下在输出窗口输出字符串信息，当模式改为发布模式时这些代码将被编译器去掉从而减少了手工清除的麻烦。注意，使用该方法需要引入 System.Diagnostics 命名空间。下面的代码把两个字符串作为参数传递给 Debug.WriteLine()方法：

```
int i = 100;
Debug.WriteLine("" + i, "变量 i 的值为:");
```

在输出窗口的输出结果是：

变量 i 的值为: 100

13.1.3　Visual Studio 中的调试工具

Visual Studio 调试器提供有多个窗口，用以监控程序执行。其中可在调试过程中使用的部分对话框包括：

- "局部变量"窗口。
- "监视"窗口。
- "即时"窗口。
- "快速监视"窗口。

只有处于调试过程中也就是"调试"工具栏处于 ▶ ‖ ■ ▣ 状态时才可以使用这些窗口。下面将详细说明这些窗口。

1. "局部变量"窗口

"局部变量"窗口显示当前正在运行的方法中局部变量的值。当前程序控制权一旦转到类中的其他方法，系统就会从"局部变量"窗口中清楚地列出变量(如果超出作用域)，并显示当前方法的变量。

调试应用程序时，选择"调试" | "窗口" | "局部变量"命令，即可显示"局部变量"窗口。图 13-4 所示为"局部变量"窗口。

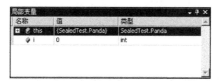

图 13-4

"局部变量"窗口包含三列信息："名称"列显示变量的名称，"值"列显示变量的值，"类型"列显示变量的类型。当程序执行从一个方法转向另一个方法时，"局部变量"窗口中显示的变量也会改变，从而显示局部变量。可以为"值"列下的字符串和数值变量输入新值，当值被更改后，新值将显示为红色。程序将使用这个变量的新值。

 提示

> 不能设置类或结构变量来引用该类或结构的其他实例。

2. "监视"窗口

"监视"窗口用于计算变量和表达式的值，并通过程序跟踪它们的值，也可以编辑变量的值。与"局部变量"窗口不同，此窗口中要"监视"的变量应由开发人员提供或指示。因此，可以指定不同方法中的变量。要同时检查多个表达式或变量，可以同时打开多个"监视"窗口。Visual Studio 中的"监视"窗口如图 13-5 所示。变量的名称应在窗口中指定。执行程序时,"监视"窗口会自动跟踪变量的值。如果被监视的变量作用域不在当前执行的方法内,将会显示"标识符超出范围"的错误。

图 13-5

选择"调试"|"窗口"|"监视"窗口 1、"监视"窗口 2、"监视"窗口 3 或者"监视"窗口 4,即可显示"监视"窗口。

3. "即时"窗口

"即时"窗口的即时模式可用于检查变量的值、给变量赋值以及运行一行代码。图 13-6 所示为 Visual Studio 中的"即时"窗口。要查找变量的值,必须在变量的名称前添加问号"?"。当应用程序处于中断模式时,值将显示在"命令"窗口的即时模式中。同样,在此窗口中输入赋值代码,然后按 Enter 键,即可更改变量的值。中断模式无法使用"即时"窗口。显示"即时"窗口的方法是:选择"调试"|"窗口"|"即时窗口"。

图 13-6

4. "快速监视"窗口

"快速监视"窗口可用于快速计算变量或表达式的值。通过此窗口还可以修改变量的值。图 13-7 所示为"快速监视"窗口。此窗口每次只能用来显示一个变量的值。此外,此窗口实际为模式窗口。也就是说,要继续执行代码,必须关闭此窗口。要跟踪变量的值,可以单击"添加监视"按钮,将变量添加到"监视"窗口中。右击变量并选择"快速监视"命令或在"命令"窗口中输入两个问号后按 Enter 键,即可显示"快速监视"窗口。

图 13-7

Visual Studio 调试器的部分功能如下。

- 跨语言调试使用 VB.NET、VC++.NET、VC#.NET、Managed Extensions for C++、脚本和 SQL 编写的应用程序。
- 调试 Microsoft.NET 框架公共语言运行库编写的应用程序和 Win32 本机应用程序。
- 加入正在主机或远程机器上运行的程序。
- 通过在单个 Visual Studio 解决方案中启动多个程序，或加入已经在运行的其他程序来调试多个程序。

13.2　异常

环球银行公司(TransGlobal Banking Corporation)为顾客提供了网上银行支持,假设顾客张三要将其账户中的部分存款转到朋友李四的账户上。目前张三账户上的余额为 20 000 元,但他试图将 25 000 元转到李四的账户上。由于张三账户上的余额不足,因此程序出现故障并导致系统崩溃。由于系统出现故障,因此其他顾客也无法使用该系统。

这表明该软件系统是一种性能比较差而且不够稳固的系统,它不能处理错误情况。将上面的示例稍加修改,假设当张三将要转账的金额指定为 25 000 元时,系统识别出该金额大于张三账户上的可用余额,于是立即显示出一则错误消息,指出转账金额应该小于或等于账户上的可用余额。这样,张三就明白其所犯的错误并进行相应更正。这样程序就不会出现故障,系统也不会崩溃。

这是一个性能良好的程序示例。一个性能良好且稳健的程序应该允许异常情况发生、避免终止运行,这就要求编程人员能够预知可能发生的特殊情况,并且在程序中编码处理这些特殊情况——有时也叫错误拦截,我们统一称之为"异常处理"。

C#提供了大量捕捉和处理异常的方法,开发人员需要在 C#应用程序的程序代码中编写异常处理代码。例如,当程序员遇到除以 0 或运行超出内存等异常情况时,就会引发异常,引发异常后,当前函数将停止执行,转而搜索异常处理程序。如果当前运行的函数不处理异常,则当前函数将终止,而调用函数将获得机会处理异常。如果没有任何函数处理异常,则 CLR 将调用自身默认异常处理程序来处理异常,同时程序也将被终止。

13.2.1　System.Exception

.NET 框架提供了存储有关异常信息的异常类,并提供了有关帮助。异常类继承关系的层次结构如图 13-8 所示。

Exception 类是所有异常的基类。出现错误时,系统或当前运行的应用程序通过引发包含有关该错误信息的异常来报告错误。引发异常后,应用程序或默认异常处理程序将处理异常,表 13-2 解释了各种异常类。

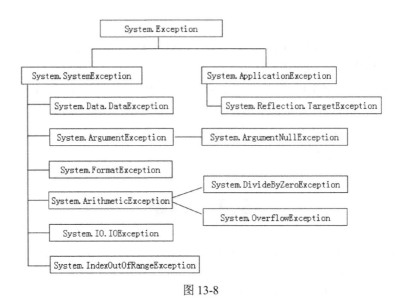

图 13-8

表 13-2

Exception 类	描　述
SystemException	提供系统异常和应用程序异常之间的区别
ArgumentException	向方法提供的任意一个参数无效时引发此异常
ArithmeticException	算术运算导致的异常
DataException	使用 ADO.NET 组件时生成错误引发此异常
FormatException	参数的格式不符合调用方法的参数规范时引发此异常
IOException	出现 IO 错误时引发此异常
IndexOutOfRangeException	数组上下标越界时引发此异常
ArgumentNullException	将空引用传递给参数时引发此异常
DivideByZeroException	除数为 0 异常
OverflowException	算术运算的结果超过指定类型的范围时触发
ApplicationException	应用程序定义的异常
TargetException	试图调用无效目标时引发此异常

　　在组件开发中，开发人员常常需要引发新异常。如果组件中出现无法解决的状况，则最好向客户端应用程序引发一个异常，此种类型的异常称为自定义异常。

　　.NET 框架并不能预定义所有的程序异常，程序员可以建立自定义异常来扩展异常的种类。自定义异常可通过从 System.ApplicationException 类中继承来创建。用户程序引发 ApplicationException，该类将异常所需的所有功能封装起来，并能充当为组件定制的自定义异常的基类。表 13-3 所示为 System.Exception 类的部分属性。

表 13-3

属　　性	描　　述
Message	显示描述异常状况的文本
Source	导致应用程序发生异常的应用程序或对象的名称

（续表）

属　　性	描　　述
StackTrace	提供在堆栈上所调用方法的详细信息，并首先显示最近调用的方法
InnerException	对内部异常的引用，如果此异常基于前一个异常，则内部异常指最初发生的异常。异常可以嵌套。也就是说，当某个过程发生异常时，它可以将另一个异常嵌套到自己所引发的异常中，并将两个异常都传递给应用程序。InnerException 属性提供对内部异常的访问

在 C#程序中，引发异常共有以下两种方式。

- 使用显式 throw 语句来引发异常。在此情况下，控制权将无条件转到处理异常的代码部分。
- 语句或表达式满足在执行过程中激发了某个异常的条件，使得操作无法正常结束，从而引发异常。要使用 C#程序代码捕获这些异常，就必须使用一些特殊结构，即 try…catch…finally 块。

13.2.2　try 和 catch 块

C#中的 try 和 catch 块用来捕获和处理程序中引发的异常。为理解 try 和 catch 的概念，这里以滤水器为例进行说明。滤水器是一种捕获水中杂质的设备，以便为用户提供纯净的水，滤水器中的过滤机制可以捕获到所有杂质，一旦发现了水中存在的杂质，则立即过滤它。同样，在 try 块中编写可能出现异常的 C#代码，一旦这些代码出现问题，则立即转送到 catch 块中进行处理——如果不出现问题则跳过 catch 块继续执行。使用 try 和 catch 块的语法如下：

```
try
{
    //程序代码
}
catch(异常类型 e)
{
    //错误处理代码
}
```

该语法说明异常处理代码和程序逻辑是相互分离的。程序逻辑在 try 块中编写，而异常处理代码在 catch 块中编写。

另外还有一种特殊类型的 catch 块，它几乎可以捕获所有类型的异常，称为通用 catch 块。使用通用 catch 块的语法如下：

```
try
{
    //程序代码
}
```

```
catch(Exception e)
{
    //错误处理代码
}
```

13.2.3 使用 throw 引发异常

C#提供的 throw 语句可用于以程序方式引发异常，使用 throw 语句既可以引发系统异常，也可以引发由开发人员创建的自定义异常。下面的代码演示当用户输入的数字不在 1~100 范围内时，使用 throw 引发自定义异常 InvalidNumberInput：

```
if( UserInput < 1 && UserInput > 100 )
{
    throw new InvalidNumberInput(UserInput + "不是有效输入(请输入 1 和 100 之间的数字)");
}
```

引发系统异常的语法与此极为类似。唯一的差别就是需要指定将要引发的系统异常的名称，而非指定自定义异常(InvalidNumberInput)的名称。

13.2.4 使用 finally

除 try…catch 块外，C#还提供了一个可选用的 finally 块。不管控制流如何，都会执行此块中的语句(如果已经指定)。也就是说，无论是否引发异常，都会执行 finally 块中的代码。如果已经引发异常，则 finally 块中的代码将在 catch 块中的代码后执行。如果尚未引发异常，则将直接执行 finally 块中的代码。try…catch…finally 块的代码如下所示：

```
try
{
    //程序代码
}
catch
{
    //异常捕获代码
}
finally
{
    //finally 代码
}
```

在 finally 块中，不允许使用 return 或 goto 关键字。

13.2.5 多重 catch 块

catch 块捕获 try 块引发的异常，有时一个 try 块可能需要多个 catch 块，因为每个 catch

块只能有一个异常类。如果需要在 try 块中捕获多个异常，则程序必须具有多个 catch 块，这在 C#中是允许的。多重 catch 块的语法如下所示：

```
try
{
    //程序代码
}
catch(异常类型 1  e)
{
    //错误处理代码
}
catch(异常类型 2  e)
{
    //错误处理代码
}
```

一个 try 块可以有多个 catch 块，但是只能有一个通用 catch 块，并且通用 catch 块必须是最后一个 catch 块，否则将产生编译时错误。

13.2.6　自定义异常类

当开发人员需要提供更为广泛的信息，或需要程序具有特殊功能时，就可以定义自定义异常。首先要创建一个自定义异常类，该类必须直接或间接派生自 System. ApplicationException。

下面的代码演示了如何创建名为 MyCustomException 的自定义异常：

```
//自定义异常类
class MyCustomException : ApplicationException
{
    public MyCustomException(string message) : base(message)
    {}
}
//测试代码
try
{
    if (divisor == 0)  //divisor 代表除数
    {
        throw new MyCustomException("除数不能为 0！");
    }
}
catch (MyCustomException mye)
{
    Console.WriteLine(mye.Message);
}
```

MyCustomException 派生自 System.ApplicationException，由一个构造函数组成，该构

造函数带有一条传递给基类的字符串消息。当除数的值为 0 时，就会调用新的异常，并输出相应的消息。

使用异常处理时要注意以下事项。

- 请勿将 try/catch 块处于控制流。
- 用户只能处理 catch 异常。
- 不得声明空 catch 块。
- 避免在 catch 块内嵌套 try/catch。
- 只有使用 finally 块才能从 try 语句中释放资源。

13.3 应用程序示例

以下的例子程序演示了自定义的异常。

(1) 新建一个名为 ApplicationExceptionTest 的控制台应用程序。

(2) 设计效果如图 13-9 所示。

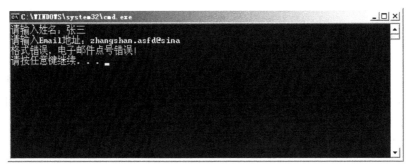

图 13-9

(3) 选择"项目"|"新建类"命令，命名为 EmailErrorException。该类代码如下：

```
class EmailErrorException: ApplicationException
{
    public EmailErrorException (string message) : base(message)
    {}
}
```

(4) 添加一个 SaveInfo()方法，该方法首先检查电子邮件的格式是否合法。如果不合法，则抛出 EmailErrorException 自定义异常。

(5) 当用户输入用户名和电子邮件后，调用 SaveInfo()方法，使用 try…catch 捕获异常。完整代码如下：

```
using System;
using System.Collections.Generic;
using System.Linq;
using System.Text;
```

```
namespace ApplicationExceptionTest
{
    class Program
    {
        //保存信息的方法
        private static bool SaveInfo(string name, string email)
        {
            string[] subString = email.Split('@');
            //如果输入的 Email 不能被@分成两部分则抛出异常
            if (subString.Length != 2)
            {
                throw new EmailErrorException("电子邮件@符错误！");
            }
            else
            {
                int index = subString[1].IndexOf('.');
                //@符分成的邮件地址的第二部分如果没有点号或点号是第一个字符则抛出异常
                if (index <= 0 || index == subString[1].Length - 1)
                {
                    throw new EmailErrorException("电子邮件点号错误！");
                }
            }
            //保存文件的代码在下一单元学习，在此省略
            return true;
        }
        static void Main(string[] args)
        {
            Console.Write("请输入姓名：");
            string name = Console.ReadLine();
            Console.Write("请输入 Email 地址：");
            string email = Console.ReadLine();
            if (name.Length == 0 || email.Length == 0)
            {
                Console.WriteLine("信息不完整，请填写姓名和 Email 地址！");
                return;
            }
            try
            {
                SaveInfo(name, email);
            }
            catch (EmailErrorException ex)
            {
                Console.WriteLine("格式错误，" + ex.Message);
                return;
            }
            Console.WriteLine("保存文件成功");
        }
```

```
        }
    }
```

【单元小结】

- 调试是搜寻和消除应用程序中的错误的过程。
- 语法错误表示编译器无法理解代码。
- 调试模式可用来重复编译和排除应用程序中的错误，直至能够成功运行。
- "局部变量"窗口允许用户监控当前方法中所有局部变量的值。
- 当应用程序遇到运行时错误时，就会引发异常。
- C#中的所有异常都派生自 System.Exception 类。

【单元自测】

1. 在应用程序无须重复编译即可发布时，通常使用(　　)模式。
   A. 调试　　　　　　　　　　　　B. 发布
   C. 安装　　　　　　　　　　　　D. 生成
2. C#语句中的缺少括号、拼写错误等属于(　　)错误类型。
   A. 运行时　　　　　　　　　　　B. 语义
   C. 语法　　　　　　　　　　　　D. 常见
3. (　　)窗口用于监控当前程序中所有局部变量的值。
   A. 即时　　　　　　　　　　　　B. 通用
   C. 监视　　　　　　　　　　　　D. 局部变量
4. 所有 C#异常都派生自(　　)类。
   A. Windows　　　　　　　　　　B. Exception
   C. SystemException　　　　　　　D. CommonException
5. 程序员可使用(　　)语句以程序方式引发异常。
   A. run　　　　　　　　　　　　 B. try
   C. catch　　　　　　　　　　　　D. throw

【上机实战】

上机目标

- 调试 C#应用程序。
- 检测并处理异常。

上机练习

练习1：调试应用程序

【问题描述】

　　某图书管理系统需要根据图书编号查询图书信息，此例使用 Dictionary<TKey, TValue> 对象存储图书信息，并要求用户输入图书编号查询对应的图书，在查询时监视变量的值。

【问题分析】

　　该问题需要在所需代码行设置断点，并监视变量的值。然后可以通过"局部变量"窗口或"监视"窗口查看或更改变量的值。另外，也可以使用"即时"窗口来检查任何变量的值。

【参考步骤】

　　(1) 新建一个名称为 TryCatchTest1 的控制台应用程序。

　　(2) 添加一个 Book 类，添加代码，并设置断点(当键盘光标位于需要添加断点所在的代码行时按下 F9 键)，如图 13-10 所示。

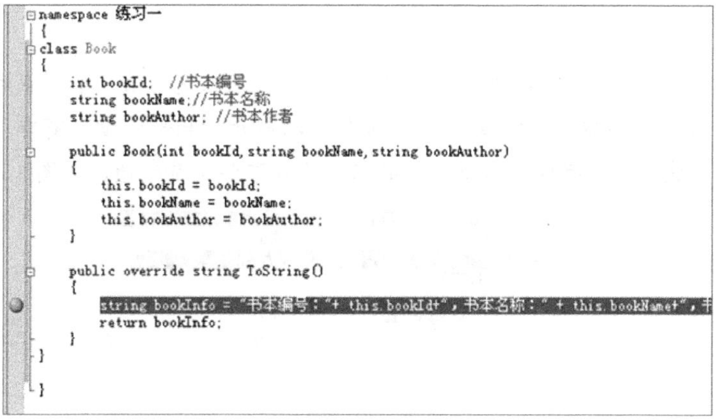

```
namespace 练习一
{
class Book
{
    int bookId;   //书本编号
    string bookName;//书本名称
    string bookAuthor; //书本作者

    public Book(int bookId, string bookName, string bookAuthor)
    {
        this.bookId = bookId;
        this.bookName = bookName;
        this.bookAuthor = bookAuthor;
    }

    public override string ToString()
    {
        string bookInfo = "书本编号:"+ this.bookId+",书本名称:" + this.bookName+",书
        return bookInfo;
    }
}
}
```

图 13-10

　　(3) 修改 Main()方法，代码如下。

```
class Program
{
    static void Main(string[] args)
    {
        Dictionary<int, Book> dicBook = new Dictionary<int, Book>();
        dicBook.Add(101, new Book(101, "Android 技术内幕", "杨丰盛"));
        dicBook.Add(102, new Book(102, "C++编程思想", "袁兆山"));
        dicBook.Add(103, new Book(103, "HTML5 高级程序设计", "李杰"));
        dicBook.Add(104, new Book(104, "C#与.NET 4 高级程序设计:第 5 版", "朱晔"));
```

```
            Console.Write("你要查找哪本书的信息：");
            int number;
            try
            {
                number = int.Parse(Console.ReadLine());
            }
            catch (FormatException fe)
            {
                Console.Write("书本编号必须是整数！请重新输入：");
                number = int.Parse(Console.ReadLine());
            }

            if (dicBook.ContainsKey(number))
            {
                Book book = (Book)dicBook[number]; //利用索引器获得键对应的值对象
                Console.WriteLine(book.ToString());
            }
            else
            {
                Console.WriteLine("你输入的图书编号不存在！");
            }
        }
    }
```

(4) 运行此应用程序，输入要查找的图书编号 101。焦点变为第一个断点后，程序将暂停执行。选择"调试"|"窗口"|"局部变量"命令，以打开"局部变量"窗口，此窗口将显示当前位于程序作用域内的所有变量以及它们的值。检查这些变量的值，如图 13-11 所示。

图 13-11

用户可在"值"列中输入一个新值。

(5) 右击 ToString()方法中的 bookName 变量，然后选择"添加监视"命令。此时将显示"添加监视"窗口和 bookName 的当前值，如图 13-12 所示。可以看出，"监视"窗口只列出已经设置为监视的变量，这与"局部变量"窗口显示作用域内的所有局部变量有所不同。如果程序执行的当前作用域中存在许多变量，但其中只有少数变量需要跟踪，则"监视"窗口将十分有用。

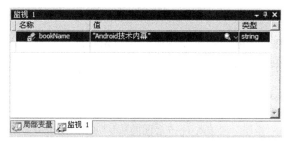

图 13-12

(6) 选择 "调试" | "窗口" | "即时" 命令，以显示即时模式的 "命令" 窗口。要检查变量的值，可使用语法 "? 变量"。例如，输入? bookName 即可检查变量 bookName 的值，如图 13-13 所示。

图 13-13

(7) 选择 "调试" | "快速监视" 命令，以显示当前对象的值，如图 13-14 所示。

图 13-14

"快速监视" 窗口显示当前对象的值，关键字 this 代表当前的对象。如果要查看对象字段的属性值，可在 "快速监视" 窗口中输入属性名，然后按下 Enter 键。此时将显示该值。例如，输入 this.bookName 即可查看 bookName 变量包含的值。

练习2：异常处理

【问题描述】

创建一个 C#应用程序，只接受 0~5 之间的数字。如果用户试图输入 0~5 以外的数字，则应显示适当的错误消息提示。持续运行此应用程序，直到用户输入数字 −1 为止。

【问题分析】

该问题需要一个无限 while 循环来持续运行此应用程序，直至用户输入 -1。如果用户输入的值为 0~5 以外的数字，则可使用 IndexOutOfRangeException 来处理异常。

```
catch (IndexOutOfRangeException e)
{
    Console.WriteLine("错误！应输入 1~5 之间的数！" + e.Message);
}
```

所有的一般异常均可使用 Exception 类来处理。

```
catch (Exception e)
{
    Console.WriteLine("未知错误：" + e.Message);
}
```

【参考步骤】

(1) 创建一个名为 ExceptionExample 的基于控制台的应用程序。

(2) 在 Program.cs 中添加以下代码

```
class Program
{
    static void Main(string[] args)
    {
        int userInput;
        //死循环
        while (true)
        {
            try
            {
                Console.WriteLine("请输入一个 1~5 之间的数字，输入-1 退出：");
                userInput = Convert.ToInt32(Console.ReadLine());
                //如果输入的是-1 则退出
                if (userInput == -1)
                {
                    break;
                }
                if (userInput < 1 || userInput > 5)
                {
                    throw new IndexOutOfRangeException("你输入的数" + userInput + "越界！");
                }
                Console.WriteLine("你输入的数字为：" + userInput);
            }
            catch (IndexOutOfRangeException e)
            {
                Console.WriteLine("错误！应输入 1~5 之间的数！" + e.Message);
```

```
            }
            catch (Exception e)
            {
                Console.WriteLine("未知错误：" + e.Message);
            }
            finally
            {
                Console.WriteLine("退出 try 语句！");
            }
        }
    }
}
```

(3) 按 Ctrl+F5 键执行程序，输出结果如图 13-15 所示。

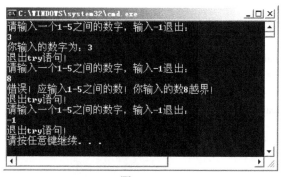

图 13-15

此代码的核心是 while 循环，该循环持续使用 Console.ReadLine()要求用户输入数字。如果用户输入 -1，控制将退出程序。如果用户输入的数字不在 1~5 之间，则将引发 Index-OutOfRangeException，而控制权将转到相应的 catch 语句块。假设用户输入一个字符值，则将捕获一般异常。无论异常是否引发，都会执行 finally 语句块。

◆ 第二阶段 ◆

练习 3：编写一个程序，用以接收用户输入的两个 float 类型的值。一个值表示用户想要存放在银行账户中的金额，另一个值表示用户想要从银行账户中提取的金额。创建自定义异常类，以确保提取的金额始终不大于当前余额。引发异常时，程序应显示一则消息。否则，程序从账户中扣除取款额

【问题分析】

该问题需要定义一个 Account 类，该类有一个 float 类型的变量 balance 表示余额，用以接收用户输入的账户余额。当用户提取金额大于账户余额时抛出异常，如图 13-16 所示。

图 13-16

Account 类代码如下：

```csharp
class Account
{
    float balance; //账户余额
    public float Balance
    {
        get { return balance; }
        set { balance = value; }
    }
    public Account(float balance)
    {
        this.balance = balance;
    }
}
```

程序代码如下：

```csharp
class Program
{
    static void Main(string[] args)
    {
        Account account1 = new Account(1000);
        Console.WriteLine("取款前余额: " + account1.Balance);
        float drawMoney; //提取的金额
        Console.Write("请输入要提取的金额: ");
        drawMoney = float.Parse(Console.ReadLine());
        try
        {
            if (drawMoney > account1.Balance)
            {
                throw new Exception("提取金额不能大于账户余额!");
            }
            else
            {
                account1.Balance = account1.Balance - drawMoney; //从余额中减去要提取的金额
                Console.WriteLine("取款后余额: " + account1.Balance);
            }
```

```
        }
        catch (Exception ex)
        {
            Console.WriteLine(ex.Message);
        }
    }
}
```

【拓展作业】

1. 在练习 3 的基础上继续改进，用户输入金额时可能输入的字符串不能转换为数字，需要捕获 FormatException 异常，用户输入的数字也可能超过 float 类型的最大范围，此时要捕获 OverflowException 异常。

2. 编写一个程序，引发并捕获 ArgumentNullException 异常。

3. 编写一个程序，引发并捕获 IndexOutOfRangeException 异常。

单元 十四

C#中的文件处理

 课程目标

▶ 了解 System.IO 命名空间

▶ 掌握文件和文件夹的常用操作方法

▶ 学会使用文件流读写文本文件

▶ 学会使用文件流读写二进制文件

▶ 掌握打开文件、保存文件对话框的方法

▶ 了解序列化和反序列化

简 介

应用程序通常要处理诸如创建数据、存储和读取数据的任务，这些数据最终大多要以文件或数据库的形式存放到存储介质上以方便以后重复使用。大多数程序设计语言都把对文件的读写抽象为对流的读写。本单元要介绍的就是 C#对文件的操作。

14.1　System.IO 命名空间

在以前的学习中，程序的数据一般存储到数据库中，以便以后读取。但是有一个问题，大量的数据存储到数据库里可以非常高效地管理这些数据，如果非常少的数据也存储到数据库中就会非常浪费资源。所以开发应用程序也经常会遇到操作文件这样的情况，掌握文件的操作是非常必要的。.NET 框架专门为操作各种流类数据提供了一个名为 System.IO 的命名空间，该命名空间下包含了许多对各种流数据进行操作的类，还包含一些可以复制、移动、重命名和删除文件和目录的类。读写文本文件时由于字符的编码有很多种，所以一般还需要使用 System.Text 这个命名空间下的一些关于字符编码的类。

14.2　File 类

File 类位于 System.IO 命名空间。这个类直接继承自 System.Object。File 类是一个密封类，因此不能被继承。File 类包含用于处理文件的静态方法。表 14-1 列出的都是公共和静态的方法。

表 14-1

方　　法	描　　述
Create(string filePath)	在指定路径下创建指定名称的文件，返回一个 FileStream 对象
Copy(string sourceFile, string desFile)	按指定路径将源文件中的内容复制到目标文件中,如果目标文件不存在将新建目标文件
Delete(string filePath)	删除指定路径的文件
Exists(string filePath)	验证指定路径的文件是否存在
Move(string sourceFile, string desFile)	移动文件,如果原文件和目标文件在同一个文件夹下则可以实现对文件重命名

下面的代码演示了如何复制和删除文件：

```
File.Copy("c:\\aa.txt", "d:\\aa\\1.txt");//第一个参数为源文件路径，第二个为目标路径
File.Delete("c:\\aa.txt");
```

复制文件时如果目标文件夹不存在将引发异常，即如果目录"d:\aa"不存在将产生 DirectoryNotFoundException 异常，但是删除文件时如果要删除的文件不存在则不会引发异常。

14.3　Directory 类

与 File 类一样，Directory 类也是 System.IO 命名空间的一部分，它包含了处理目录和子目录的静态方法。表 14-2 列出的都是公共和静态的方法。

表 14-2

方　　法	描　　述
CreateDirectory(string path)	创建目录
Delete(string path [,bool recursive])	删除指定的目录，如果第二个参数为 true 则同时删除该目录下的所有文件和子目录
Exists(string path)	测试目录是否存在
GetCurrentDirectory()	获得应用程序的当前工作目录
GetDirectories(string path)	返回代表子目录的字符串数组
GetFiles(string path)	以字符串数组形式返回指定目录中的文件的名称
Move(string sourcePath ,string desPath)	将目录及其内容移到指定的新位置

Directory 的许多方法的作用与 File 类似，差别只在于 File 类操作文件而 Directory 类操作文件夹。下面的示例演示了如何移动文件夹：

```
using System;
using System.IO;

namespace Demo
{
    class Program
    {
        static void Main(string[] args)
        {
            Directory.Move("c:\\Program", "d:\\Program");
        }
    }
}
```

14.4　对文本文件的读写操作

如何读写一个文本文件呢？使用 C#语言非常简单，一般有如下 5 个步骤。

(1) 创建文件流对象。

(2) 创建流读取对象或者流写入对象。

(3) 执行读或写操作，调用相应方法。

(4) 关闭流读取对象或者流写入对象。

(5) 关闭文件流对象。

看到上面的步骤，你可能会以为会有很多代码，通过后面的示例你会发现，五六行代码就可以实现读取或者写入，非常简单。

现在就来学习怎么读写文本文件。第一步要创建一个文件流对象，那么什么是文件流呢？下面来介绍文件流对象。

14.4.1 文件流

文件流(FileStream)类用于对文件执行读写操作。要想读写文件，第一步就是要创建文件流。流是一个传递数据的对象。

FileStream 构造方法有很多重载方式，表 14-3 列出了常用的几种。构造方法中使用的 FileMode、FileAccess 和 FileShare 参数都是枚举类型。

表 14-3

构造方法	描　述
FileStream(string filePath,FileMode mode)	接收读写文件的路径和任意一个 FileMode 枚举值作为参数
FileStream(string filePath,FileMode, FileAccess access)	接收读写文件的路径与任意一个 FileMode 枚举值和 FileAccess 枚举值作为参数
FileStream(string filePath,FileMode mode, FileAccess access, FileShare share)	接收读写文件的路径与任意一个 FileMode 枚举值和 FileAccess 枚举值以及任意一个 FileShare 枚举值作为参数

构造方法中使用的 FileMode 参数的不同成员如下。

- Append：打开一个文件并将当前位置移到文件末尾，以便能够添加新的数据。如果文件不存在，则新建一个文件。
- Create：用指定名称新建一个文件。如果存在同名文件，则改写旧文件。
- CreateNew：新建一个文件。
- Open：打开一个文件。指定的文件必须已经存在。
- OpenOrCreate：如果文件存在就打开，如果不存在就创建并打开。
- Truncate：指定的文件必须存在，打开文件并删除文件里的全部内容。

同样地，FileAccess 参数也是枚举类型。其成员如下：

- Read：用户对指定文件具有只读权限。
- Write：用户对指定文件具有只写权限。
- ReadWrite：具有读写权限。

FileShare 参数也是枚举类型。其枚举值如下：

- None：其他用户不能访问文件。
- Read：其他用户只能共享对文件执行读操作。
- Write：其他用户只能共享对文件的写操作。
- ReadWrite：其他用户可共享对文件的读写操作。

下面的代码构造了一个 FileStream 类的实例：

```
FileStream fs = new FileStream("c:\\csharp.txt",
FileMode.OpenOrCreate,FileAccess.Write);
```

这段代码打开"c:\csharp.txt"这个文件，如果文件不存在则创建该文件，并且只能向文件中写入数据。

FileStream 类的常用方法如表 14-4 所示。

表 14-4

方　法	描　述
CopyTo(Stream)	从当前流中读取字节并将其写入到另一流中
Close()	关闭文件流对象
Dispose()	释放由 Stream 使用的所有资源。

实例化了文件流对象后，就要进行第二步，创建流读取对象或者流写入对象。下面就来介绍这两个类。

14.4.2　流读写对象

1. StreamWriter 类

创建了文件流对象之后，如果想向文本文件写入信息，就要创建流写入对象，StreamWriter 类就是流写入对象。创建 StreamWriter 类的对象的语法如下：

```
StreamWriter   sw=new StreamWriter(文件流对象);
```

上面代码表示，StreamWriter 的构造方法需要一个 FileStream 类的对象作为参数。StreamWriter 类的主要方法如表 14-5 所示。

表 14-5

方　法	描　述
Write()	将数据写入文件
WriteLine ()	将一行数据写入文件
Close()	关闭流写入对象

2. StreamReader 类

如果要读取文本文件中的数据，就要创建流读取对象，StreamReader 类就是流读取对象，创建 StreamReader 类的对象的语法如下：

```
StreamReader   sr=new StreamReader(文件流对象);
```

同样地，StreamReader 类的构造方法，需要一个 FileStream 类的对象作为参数。Stream-Reader 类的主要方法如表 14-6 所示。

表 14-6

方 法	描 述
ReadLine()	读取一行数据，返回字符串
ReadToEnd ()	从当前位置读到末尾，返回字符串
Close()	关闭流读取对象

下面一个综合示例讲解怎么使用以上对象来实现读写文本文件。

建立一个控制台应用程序，效果如图 14-1 所示。

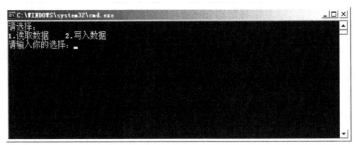

图 14-1

程序完整代码如下：

```
using System;
using System.Text;
using System.IO;

namespace StreamTest_1
{
    class Program
    {
        /// <summary>
        /// 写入数据
        /// </summary>
        /// <param name="path"></param>
        static void WriterRecord(string path)
        {
            Console.Write("输入要写入的内容：");
            string record = Console.ReadLine();
            //创建文件流
            FileStream fs = new FileStream(path, FileMode.OpenOrCreate,
                        FileAccess.Write, FileShare.None);
            //创建流写入对象
            StreamWriter sw = new StreamWriter(fs);
            //执行方法，将内容写入文件
            sw.Write(record);
            //关闭流写入对象
            sw.Close();
            //关闭文件流
```

```
        fs.Close();
        Console.WriteLine("写入成功！ ");
    }
    /// <summary>
    /// 读取数据
    /// </summary>
    /// <param name="path"></param>
    static void ReadRecord(string path)
    {
        FileStream fs = new FileStream(path, FileMode.Open,
                    FileAccess.Read, FileShare.None);
        //创建流读取对象
        StreamReader sd = new StreamReader(fs);
        //执行方法，读取文本文件数据
        string record = sd.ReadToEnd();
        //关闭流读取对象
        sd.Close();
        //关闭文件流
        fs.Close();
        Console.WriteLine("读取成功！内容如下：\n"+record);
    }
    static void Main(string[] args)
    {
        //测试
        Console.WriteLine("请选择：");
        Console.WriteLine("1.读取数据        2.写入数据");
        Console.Write("请输入你的选择：");
        string f = Console.ReadLine();
        if (f == "1")
        {
            ReadRecord("d:\\test.txt");
        }
        else if (f == "2")
        {
            WriterRecord("d:\\test.txt");
        }
    }
}
```

在上面的代码中，首先要引入 System.IO 命名空间。然后在类中定义 ReadRecord()方法和 WriterRecord()方法，在方法中定义 FileStream 类，FileMode 枚举设置为 OpenOrCreate。也就是说，如果指定路径有该文件就打开，如果没有则创建该文件。

14.5 二进制文件的读写

System.IO 命名空间中有 BinaryReader 类和 BinaryWriter 类,这两个类用来读写二进制数据。表 14-7 列出了 BinaryReader 类的常用方法。

表 14-7

方 法	描 述
Close()	关闭正在从中读取数据的流和当前的 BinaryReader 流
Read()	读取一个字符,并将指针前移指向下一个字符
ReadDicimal()	读取一个十进制数,并将指针前移 16 个字节(十进制的默认长度)
ReadByte()	读取一个字节,并将指针移到下一个字节上
ReadInt32()	读一个带符号的整数,并将指针前移 4 个字节
ReadString()	读取字符串,该字符串的前缀为字符串长度,编码为整数,每次 7 比特

BinaryWriter 类用于向指定流中写入二进制数据。表 14-8 列出了 BinaryWriter 类的常用方法。

表 14-8

方 法	描 述
Close()	关闭正在从中写入数据的流和当前的 BinaryWriter 流
Flush()	清除当前 writer 的所有缓冲区,并将所有缓冲区数据写入设备
Write()	将值写入当前流,该方法有很多个重载

下面的代码演示了如何使用 BinaryWriter 类将二进制数据写入文件。

```csharp
using System;
using System.Text;
using System.IO;

namespace BinaryReadWrite
{
    class Program
    {
        static void Main(string[] args)
        {
            Console.WriteLine("请输入文件名: ");
            string fileName = Console.ReadLine();
            FileStream fs = new FileStream(fileName,FileMode.Create);
            BinaryWriter bw = new BinaryWriter(fs);
            for (int i = 0; i < 10; i++)
            {
                bw.Write(i);
            }
```

```
        Console.WriteLine("数字已写入文件！");
        bw.Close();
        fs.Close();
        Console.ReadKey();
    }
  }
}
```

上面的代码接收用户输入的文件名，并创建一个 FileStream 实例。为了向文件写入二进制数据，程序创建了一个 BinaryWriter 类的实例，并用其 Write()方法将 0~9 的十个整数写入文件，程序运行效果如图 14-2 所示。

图 14-2

下面的代码从刚才的二进制文件中读取数据并显示出来。

```
static void Main(string[] args)
{
    Console.WriteLine("请输入要读取的文件名：");
    string fileName = Console.ReadLine();
    if (!File.Exists(fileName))
    {
        Console.WriteLine("文件不存在！程序结束");
        return;
    }
    FileStream fs = new FileStream(fileName,FileMode.Open,FileAccess.Read);
    BinaryReader br = new BinaryReader(fs);
    try
    {
        while (true)
        {
            Console.WriteLine(br.ReadInt32() );
        }
    }
    catch (EndOfStreamException eof)
    {
        Console.WriteLine("已到文件结尾！");
    }
    finally
    {
        br.Close();
        fs.Close();
    }
```

```
            Console.ReadKey();
        }
```

该代码接收用户输入的文件名，并使用 File.Exists()方法检查文件是否存在，如果不存在，则输出提示信息后退出程序；若存在，则创建一个 FileStream 实例并用该实例创建一个 BinaryReader 实例以便用二进制读取文件数据。由于不确定需要读取多少次才能读完整的文件，所以用一个死循环不断读取并把死循环放到一个 try 块中。如果到达文件结尾还继续读，则会出现 EndOfStreamException 异常，所以要捕捉该异常。在死循环中把读取的数据输出到控制台，代码运行效果如图 14-3 所示。

图 14-3

再来看一个示例。该示例采用二进制文件读写方式将 C 盘的 test.jpg 文件复制到 D 盘。

```csharp
using System;
using System.Text;
using System.IO;

namespace CopyJPG
{
    class Program
    {
        static void Main(string[] args)
        {
            FileStream fs1 = new FileStream("c:\\test.jpg", FileMode.Open,
                        FileAccess.Read);
            BinaryReader br = new BinaryReader(fs1);
            byte[] b = br.ReadBytes((int)fs1.Length);//读取文件信息
            br.Close();
            fs1.Close();

            FileStream fs2 = new FileStream("d:\\test.jpg", FileMode.Create);
            BinaryWriter bw = new BinaryWriter(fs2);
            bw.Write(b); //将读出来的字节数组写入到文件中
            Console.WriteLine("图片复制成功！！！");
            bw.Close();
            fs2.Close();
```

```
                }
            }
        }
```

14.6　序列化和反序列化

在前面的示例中，我们知道，数据除了保存到数据库中，还可以保存到文件中，如文本文件。可以把一些数字或者文本保存到文件中，但是继续深入一些，能不能把类对象的状态(类成员保存的数据)完整地保存起来，然后在需要的时候把这些数据还原成类的对象呢？使用读写文本文件的方法可以实现，但是非常麻烦，需要反复写入文本文件，然后反复读取文本文件，这样开发应用程序的效率会非常低。所以，C#语言引入了一个新的技术——序列化和反序列化。

序列化就是将对象的状态存储到特定的文件中。在序列化过程中，对象的公有成员、私有成员还有类名都转换成数据流的形式存储到文件中。然后在应用程序需要的时候，进行反序列化，把存储到文件中的数据再还原成对象。

下面通过一个示例来讲解如何将对象序列化。

```
using System;
using System.Text;
using System.IO;
using System.Runtime.Serialization;
using System.Runtime.Serialization.Formatters.Binary;

namespace SerializableTest
{
    [Serializable]
    public class Student
    {
        public int stuid;
        public int age;
        public string name;
    }

    public class Test
    {
        public static void Main()
        {
            Student obj = new Student();
            obj.stuid = 1;
            obj.age = 24;
            obj.name = "姚明";

            BinaryFormatter formatter = new BinaryFormatter();
```

```
            FileStream stream = new FileStream(@"d:\MyFile.bin", FileMode.Create,
                FileAccess.Write);
            formatter.Serialize(stream, obj);

            stream.Close();
            Console.WriteLine("序列化成功！");
        }
    }
}
```

首先要引入三个命名空间，因为要使用到 FileStream，所以要引入 System.IO 命名空间，然后是引入 System.Runtime.Serialization 和 System.Runtime.Serialization.Formatters.Binary。Serialization 单词就是序列化的意思，Binary 是二进制的意思，引入这两个命名空间，就是要将 Student 对象序列化为二进制文件。需要注意的是，在上面的示例中，定义了两个类，在定义 Student 类的上面加了一行[Serializable]代码。这个[Serializable]用来告诉系统，下面的类是可序列化的。只有前面加了[Serializable]代码的类，才能进行序列化。BinaryFormatter 是一个二进制格式化类，通过它来将对象序列化为二进制文件。调用 formatter.Serialize() 方法开始序列化。

上面的示例编译执行后的结果如图 14-4 所示。

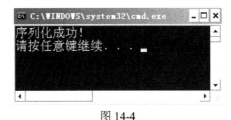

图 14-4

这时会发现 D 盘下多了一个文件 MyFile.bin。这里强调一下，如果需要序列化某个对象，那么它的各个成员对象也必须是可序列化的。

下面讲解反序列化。反序列化是序列化的逆向过程，也就是将文件里保存的数据还原为对象。下面的示例演示了反序列化的语法：

```
using System;
using System.Text;
using System.IO;
using System.Runtime.Serialization;
using System.Runtime.Serialization.Formatters.Binary;

namespace SerializableTest
{
    class UseTest
    {
        public static void Main()
        {
            BinaryFormatter formatter = new BinaryFormatter();
```

```
FileStream strem = new FileStream(@"d:\MyFile.bin", FileMode.Open, FileAccess.Read);
Student obj = (Student)formatter.Deserialize(strem);
Console.WriteLine("stuid:{0}", obj.stuid);
Console.WriteLine("age:{0}",obj.age);
Console.WriteLine("name:{0}", obj.name);
Console.ReadKey();
            }
        }
    }
```

反序列化的语法和序列化的语法非常相似，BinaryFormatter 类的 Deserialize()方法将指定文件反序列化为 Student 对象，示例输出了对象的三个成员变量。程序编译执行后的结果如图 14-5 所示。

图 14-5

以上就是关于序列化和反序列化的讲解。.NET 还提供了多种形式的序列化，用户可以将对象序列化为 XML 文件等，感兴趣的同学可以查阅相关资料。目前使用二进制方式序列化对泛型的支持是最好的。

序列化和反序列化的用途是非常广泛的。首先，使用序列化保存对象的数据非常简单，当然使用其他方式也可以实现，但是非常烦琐。其次，使用序列化可以将对象从一个应用程序传递给另外一个应用程序(只用反序列化相应文件就可以了)。最后，在远程通信的应用中相当广泛，将对象序列化后通过网络传递到其他地方的应用程序中，在学习 WebService 的课程中会使用到序列化。

【单元小结】

- File 是静态对象，实现对文件的创建、复制、移动和删除等操作。
- Directory 是静态对象，实现对文件夹的操作。
- FileStream 对象是文件流对象，创建该对象时需要指定操作文件的路径、文件的打开方式和文件访问方式。
- StreamReader 和 StreamWriter 对文件进行读写操作，StreamReader 是文件读取对象，StreamWriter 是文件写入对象。
- BinaryReader 和 BinaryWriter 对文件进行二进制读写操作。
- 序列化是将对象的状态存储到特定的文件中。
- 反序列化是将存储在文件中的数据重新构建为对象。
- 类对象是否可被序列化，关键是在类的头部添加[Serializable]关键字。

【单元自测】

1. FileMode 枚举的( )成员用于新建一个文件。

    A. Create   B. CreateNew   C. New   D. WriteNew

2. FileMode 枚举的( )成员要求文件必须存在。

    A. Create   B. Open   C. Truncate   D. CreateNew

3. 使用代码 FileStream fs = File.Create("c:\\aa.txt");创建文件时如果文件已经存在则( )。

    A. 文件创建成功,覆盖原有的旧文件

    B. 提示是否覆盖原来的文件

    C. 引发异常

    D. 以上都是错误的

4. 下列关于序列化说法错误的是( )。

    A. 序列化是将对象格式化为一种存储介质的过程

    B. 序列化后的存储介质只能是二进制文件

    C. 标识一个类可被序列化要使用[Serializable]关键字

    D. 一个类可以序列化,它的子类和包含的其他类也必须可被序列化

5. 将文件从当前位置一直到结尾的内容都读取出来,应该使用( )方法。

    A. StreamReader.ReadToEnd()   B. StreamReader.ReadLine()

    C. StreamReader.ReadBlock()   D. StreamReader.WriteLine()

【上机实战】

上机目标

- 掌握 File 类和 Directory 类的常用方法。
- 掌握把信息写入文件和在文件中查找的方法。

上机练习

◆ 第一阶段 ◆

练习 1:查找文件

【问题描述】

查找文件时需要遍历每个目录下的所有文件和文件夹,由于同名的文件可能存在一个目录的多个子目录下,所以需要遍历整个给定的目录下的所有子目录,这种情况一般用递

归来解决。

【问题分析】

执行查找任务后的效果如图 14-6 所示。

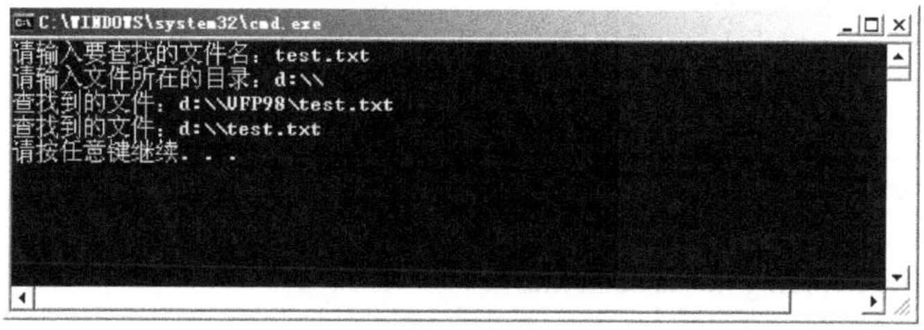

图 14-6

关键是选择了目标目录后如何遍历该目录下的所有子文件夹以及子文件夹下的各层子文件夹，为此可以定义一个独立的方法来实现，该方法的参数就是一个目录路径。首先获得该目录下的所有第一层子目录，把每个子目录再传递给该方法实现递归调用，传递完成后再看该目录下有没有要查找的文件，如果有就把查找到的文件的路径打印出来。该方法的关键递归代码如下：

```
string[] dirs = Directory.GetDirectories(findPath);
foreach (string dirName in dirs)
{
    FindFiles(dirName); //递归调用
}
```

【参考步骤】

(1) 新建一个名为 FindFile 的控制台应用程序。

(2) 引入 System.IO 命名空间。

(3) 完整的文件代码如下。

```
using System;
using System.Linq;
using System.Text;
using System.IO;

namespace FindFile
{
    class Program
    {
        //用来查找文件的递归方法，参数是要在其中查找文件的目录
        private static void FindFiles(string findFile,string findPath)
        {
            //系统卷标文件夹不允许访问
            if (findPath.EndsWith("System Volume Information"))
            {
```

```
                    return;
                }
                //获得该文件夹下的所有子文件夹
                string[] dirs = Directory.GetDirectories(findPath);
                foreach (string dirName in dirs)
                {
                    FindFiles(findFile, dirName); //递归调用
                }
                //获得该文件夹下的所有文件，对文件进行判断
                string[] files = Directory.GetFiles(findPath);
                foreach (string fileName in files)
                {
                    if (fileName.EndsWith(findFile))
                    {
                        Console.WriteLine("查找到的文件："+fileName);
                        return;
                    }
                }
            }
            static void Main(string[] args)
            {
                Console.Write("请输入要查找的文件名：");
                string findFile = Console.ReadLine();
                Console.Write("请输入文件所在的目录：");
                string dirName = Console.ReadLine();

                //调用查找文件的方法
                try
                {
                    FindFiles(findFile, dirName);
                }
                catch (Exception ex)
                {
                    Console.WriteLine(ex.Message);
                }
            }
        }
    }
```

(4) 运行效果如图14-7所示。

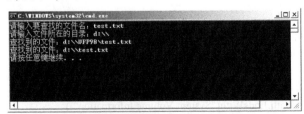

图 14-7

◆ 第二阶段 ◆

练习 2：模拟注册和登录功能

【问题描述】

● 需要使用文件流对象，然后创建相应的文件读写对象。

● 注意注册新用户时要检验新用户名在文件中是否已经存在，如果已经存在，则提示错误。

● 当用户注册时，将注册信息写入到文件中，如果该文件已经存在，则追加数据；如果不存在，则先创建文件再添加信息。当用户登录时，从磁盘文件中读取用户信息与登录用户名和密码进行比较。

● 设计控制台应用程序，实现注册和登录功能。

操作效果如图 14-8 和图 14-9 所示。

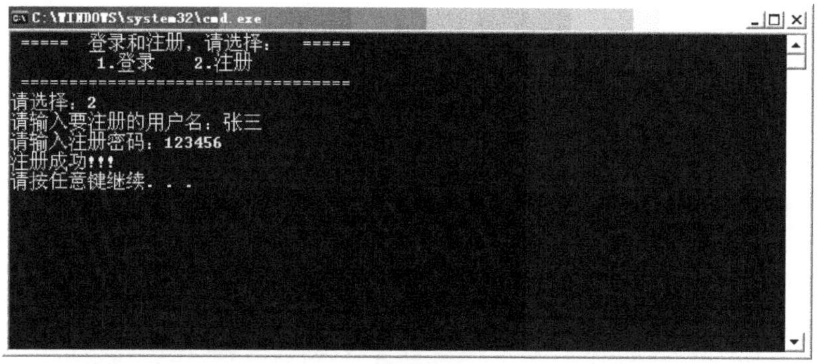

图 14-8

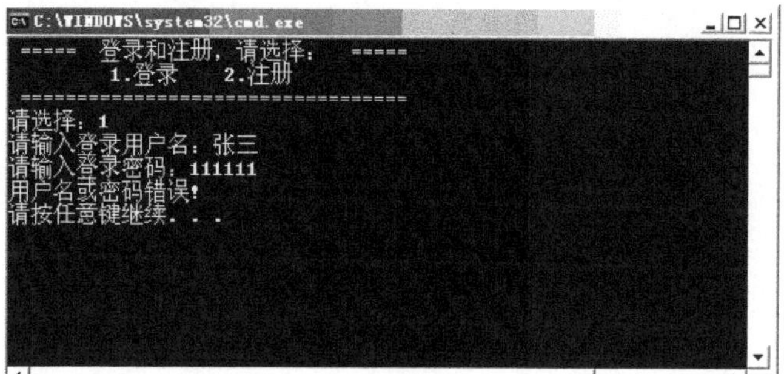

图 14-9

【拓展作业】

创建两个控制台应用程序。定义学生类，该类包含姓名、学号、性别和家庭住址 4 个字段。通过学生类创建一个学生对象，使用序列化保存到本地。然后创建查看学生信息应用程序，反序列化后显示出来。